Weil Führung sich ändern muss

Eva-Maria Ayberk • Lisa Kratzer •
Lars-Peter Linke

Weil Führung sich ändern muss

Aufgaben und Selbstverständnis in
der digitalisierten Welt

1. Auflage

Springer Gabler

Eva-Maria Ayberk
Lisa Kratzer
Lars-Peter Linke
Hernstein Institut für Management und Leadership
Wien, Österreich

ISBN 978-3-658-15257-4   ISBN 978-3-658-15258-1 (eBook)

Die Deutsche Nationalbibliothek verzeichnet diese Publikation in der Deutschen Nationalbibliografie; detaillierte bibliografische Daten sind im Internet über http://dnb.d-nb.de abrufbar.

Springer Gabler

Gedruckt auf säurefreiem und chlorfrei gebleichtem Papier

Springer Gabler ist Teil von Springer Nature
Die eingetragene Gesellschaft ist Springer Fachmedien Wiesbaden GmbH

Inhalt

Vorwort von
Prof. Dr. Dr. h. c. Julian Nida-Rümelin,
Staatsminister a. D.

Dieses Kompendium soll Führungskräften ermöglichen, sich auf den Wandel der Führungskultur einzustellen. Hier geht es nicht lediglich darum, vonseiten der Wissenschaft Orientierung für die wirtschaftliche Praxis zu geben, sondern aus den Erfahrungen der wirtschaftlichen Praxis zu lernen. Üblicherweise denkt man an zwei Disziplinen in diesem Zusammenhang: Zum einen an die Betriebswirtschaftslehre und zum anderen an die Psychologie, wobei es zwischen beiden Disziplinen zahlreiche Überschneidungen gibt. Kann die Philosophie hierbei eine Rolle spielen? Ich meine, die Antwort lautet ja. Diese Überzeugung hat mich bewogen, mich mit der Anwendung philosophischer Erkenntnisse auf die ökonomische Praxis zu befassen. Daraus hervorgegangen ist ein Buch „Die Optimierungsfalle. Zur Philosophie einer humanen Ökonomie", dessen zentrale These lautet, dass die bloße Optimierung unserer Praxis, angeleitet durch Sanktionen und Incentivierungen, in die Irre führt, dass es ohne Werte und Normen, Tugenden und Haltungen nicht geht. Es gibt ethische Bedingungen erfolgreicher Führung, die sich schon daraus ergeben, dass wir in der modernen Ökonomie kommunizieren. Kommunikation ist aber nur verlässlich, sie kann nur dann zum Unternehmenserfolg beitragen, wenn sie von Wahrhaftigkeit und Vertrauen, auch von Realitätssinn, geprägt ist. Wenn jede Mitarbeiterin und jeder Mitarbeiter eines Unternehmens ausschließlich das sagt, von dem sie hofft, dass es dem eigenen Vorteil dient, würde Vertrauen zerstört. Sich ausbreitendes Misstrauen aber ist teuer, alles muss kontrolliert und überprüft werden, Abweichungen von der Norm sanktioniert und publiziert werden. Wenn Misstrauen dominiert, wenn Einzelne jeden Vorteil für sich ausnutzen, müssen Unternehmen, aber auch staatliche Instanzen zum Mittel der Regulierung greifen. Das kann rasch hypertroph werden, Eigeninitiative, Eigenverantwortung, Flexibilität und Innovation ersticken.

Die Krise der Weltfinanzmärkte 2008 ff., die zweitgrößte Krise der Weltwirtschaft nach 1929, war auch Ausdruck des Verfalls eines Ethos der Anständigkeit und der Verlässlichkeit, der Zurechenbarkeit und des Vertrauens in der globalen Finanzwirtschaft. Bis heute ist die Reaktion darauf vom fast ausschließlichen Vertrauen in ein Mehr an Regulierung geprägt. Kleinere und mittlere Finanzinstitute geraten dabei ins Hintertreffen, obwohl sie gerade in Deutschland in der Finanzkrise oft zu den Stabilisatoren gehörten, wie die mittelständischen, speziell die eigentümergeführten kleinen und mittleren Unternehmen.

Unternehmen müssen immer wieder überprüfen, ob sie ihre Praxis nicht verbessern können, ob ihr Ressourceneinsatz nicht zu hoch ist, ob der Output besser an die Bedürfnisse der Kunden angepasst werden kann. Unternehmen dürfen, ja müssen optimieren. Aber diese Optimierungspraxis darf die Bedingungen ökonomischen Erfolges nicht zerstören, darf nicht dazu führen, dass die Mitarbeiterinnen und Mitarbeiter sich als Rädchen im Getriebe fühlen, dessen Regeln ihnen aufoktroyiert werden. Nur die gemeinsame Überzeugung, dass man an einer sinnvollen ökonomischen Praxis teilhat, wird dazu führen, dass die Einzelnen ihren Beitrag leisten, um den Erfolg des Ganzen zu ermöglichen.

Das klassische Führungsmodell der Weisungsbefugnis und der Weisungsunterstellung hat – wenn es denn je funktionierte – ausgedient. Moderne Führung setzt auf Kommunikation und Kooperation, sie beruht auf wechselseitiger Anerkennung, Respekt und Vertrauen. Vor allem aber müssen die Ziele so kommuniziert werden, dass sie verständlich sind, und dass sie stimmig zueinander passen, um eine kohärente Unternehmenspraxis anzuleiten.

Das Alte und das Neue verbinden sich. Das Alte, das sind die philosophischen Einsichten in das, was eine humane Praxis ausmacht. Aristoteles legt Wert darauf, dass eine gelingende Praxis auch um ihrer selbst willen, nicht nur um externer Zwecke willen erfolgt. Wir dürfen nicht den Fehler machen, Menschen und ihr Verhalten zu instrumentalisieren. Jeder einzelne Mensch, jede einzelne Mitarbeiterin und Mitarbeiter in einem Unternehmen, ist ein Zweck an sich, muss als Akteur ernst genommen und einbezogen werden. Immanuel Kant hat das Instrumentalisierungsverbot zum Kern seiner Ethik gemacht. Eine ethikfreie ökonomische Praxis zerstört die Fundamente ihres Erfolges.

Platon hat in seinem wichtigsten Werk, der Politeia, argumentiert, dass das Zusammenwirken unterschiedlicher mentaler Fähigkeiten in einem einzelnen Menschen dem Zusammenwirken in der Gemeinschaft entspricht. Urteilskraft, Entscheidungsstärke und die Kontrolle der Augenblicksimpulse sind Voraussetzungen für eine überzeugende Praxis. Dies gilt für den Einzelnen wie für ein Unternehmen als Ganzes. Das gemeinsame Wissen eines Unternehmens ist nicht lediglich die Addition individuellen Wissens und individueller Fertigkeiten, sondern es beruht auf der wechselseitigen Einschätzung der Kenntnisse und Fähigkeiten, sowie dem Vertrauen, dass es zum Wohl des Ganzen eingebracht wird, kurz, auf Kooperation in wechselseitigem Respekt.

Führungsverantwortung wahrnehmen heißt, einerseits vorangehen und andererseits aufnehmen. Vorangehen, weil diejenigen, die ein höheres Maß an Verantwortung haben, mit ihrer Praxis Standards setzen, die Kultur des Unternehmens als Ganzes prägen. Aufnehmen, weil moderne Führung nicht im Oktroî bestehen kann, sondern in der Überzeugungsarbeit, im Gewinnen aller für eine gemeinsame Sache,

und das kann nur gelingen, wenn die Sichtweisen und Erfahrungen der Mitarbeiterinnen und Mitarbeiter in die Führungspraxis einfließen.

Die moderne Philosophie und Wissenschaftstheorie hält zudem eine wichtige
Lehre parat: Wenn alle sich lediglich an wohl etablierten Paradigmen des Wissens
und der Praxis orientieren, wird die Innovation erstickt. Innovation setzt Freiräume
voraus, die wir in den Unternehmen einräumen müssen, um Dynamik und Veränderung zu ermöglichen. Thomas S. Kuhn, der bedeutende Wissenschaftstheoretiker,
spricht von ordentlicher und außerordentlicher Forschung. Moderne Führung bein-
haltet auch, einen Vertrauensvorschuss zu geben, Mitarbeiterinnen und Mitarbeitern
etwas zuzutrauen, ihre eigene Urteilskraft und Entscheidungsstärke zu fordern.
Wem Vertrauen entgegengebracht wird, der wird auch bereit sein, Verantwortung
zu übernehmen.

Prof. Dr. Dr. h.c. Julian Nida-Rümelin,
Staatsminister a. D.

Fotograf Andreas Müller

Unsere Gesprächspartnerinnen und Gesprächspartner

Prof. Dr. Dr. Ayad Al-Ani Der Wirtschafts- und Politikwissenschaftler Ayad Al-Ani lehrte an der Hertie School of Governance in Berlin, er war Partner bei Accenture, Geschäftsführer Accenture Österreich und Rektor an der ESCP Europe Wirtschaftshochschule Berlin. Heute forscht er zum Digitalen Wandel am Alexander von Humboldt Institut für Internet und Gesellschaft, Berlin und lehrt an den Universitäten Potsdam und Stellenbosch, Südafrika.

Oliver Bialowons „Oliver Bialowons ist ein Sanierungsmanager", schreibt das Handelsblatt. Er führt seit 2014 die Hüls-Gruppe aus Rolf Benz und Hülsta. Zuvor war Bialowons unter anderem als Krisenmanager nach der Schlecker-Insolvenz bei der Drogeriekette Mein Platz tätig. Von 2007 bis 2008 war er Chef des Versandhändlers Neckermann.

Britta Bibel-Cavallaro Britta Bibel-Cavallaro ist Head of Compliance der OC Oerlikon Management AG in Pfäffikon. Sie ist durch Zufall auf Holacracy gestoßen, hat es in ihrem Bereich eingeführt und Erfahrung mit dieser Insellösung im großen Konzern gesammelt.

R. David Cummins R. David Cummins ist geschäftsführender Gesellschafter von Ministry, einer Agentur für Kommunikation in digitalen Medien. Für seine Kunden möchte er visionäres Denken mit profunder technologischer Kompetenz, hanseatischer Bodenständigkeit und Verlässlichkeit im Handeln verbinden.

Claudia Dietze Claudia Dietze ist Gründerin und Chefin des Hamburger Softwareunternehmens freiheit.com. Das Hamburger Abendblatt hat ein Portrait über sie mit „Die charmante Miss Perfect" überschrieben. Claudia Dietze glaubt an die Kraft der „zielgerichteten Autonomie".

Vivi Dimitriadou	Vivi Dimitriadou ist Director People + Organizational Development der Mediaagentur OMD Germany. Sie verfügt über umfangreiche Führungserfahrung in verschiedenen Positionen in der Digitalwirtschaft und Medienbranche. Als ausgebildeter Coach und Change-Managerin unterstützt sie Führungskräfte in den Bereichen Leadership, Team und Business Development.
Dominique Döttling	Dominique Döttling ist Expertin für Transformationsprozesse. Sie verantwortet bei der Opel Group den Bereich Global Talent & Development, Europe. Sie war in der Rürup-Kommission des deutschen Gesundheitsministeriums und ist im Mittelstandsbeirat des Bundeswirtschaftsministeriums vertreten.
Britta Görtz	Britta Görtz ist „Master Chief" bzw. Marketingleiterin des Datenschutzunternehmens Praemandatum in Hannover. Zuvor war sie in Unternehmen der Werbe- und Kommunikationsbranche tätig. Sie sagt von sich selbst: „Es entspricht meiner Persönlichkeit, Verantwortung zu übernehmen. Ich begeistere gerne Menschen für eine Idee, die ich habe, und ich lasse mich auch gerne von anderen Ideen begeistern."
Manuel Grassler	Manuel Grassler ist zertifizierter Lego Serious Play Facilitator und Service-Designer bei der Haufe-umantis AG. Er ist überzeugt: „In den immer komplexer werdenden Märkten und Umfeldern werden jene Organisationen erfolgreich sein, die es schaffen, eine klare und gemeinsame Vision zu entwickeln und zu leben. Gerade aber diese steigende Komplexität stellt immer neue Herausforderungen, denen mit herkömmlichen Methoden schwer beizukommen ist."
Ralf Heller	Ralf Heller ist Gründer und Vorstand (CEO) der Virtual Identity AG. Die von ihm 1995 gegründete Agentur unterstützt Unternehmen, die Potenziale der Digitalisierung für ihre Markenkommunikation zu erschließen.

Dr. Sabine Herlitschka

Die Lebensmittel- und Biotechnologin DI Dr. Sabine Herlitschka, MBA, kommt ursprünglich aus der industriellen Biotech-Forschung sowie der europäischen und internationalen Forschungskooperation und steht heute an der Spitze von Infineon Technologies Austria. Mehrere Stationen hatten sie mehrmals nach Washington D.C., an die Medizinische Universität Graz und an die Österreichische Forschungsförderungsgesellschaft geführt, bevor sie 2011 im Vorstand der Infineon Technologies Austria tätig wurde und dort seit 2014 als Vorstandsvorsitzende sowie Vorstand für Technik & Innovation verantwortlich zeichnet. Wichtigster Erfolgsfaktor eines Hightech-Unternehmens sind für sie vor allem die Menschen: „Infineon wird geprägt von den besten Köpfen."

Karen Heumann

Karen Heumann war elf Jahre lang Chefin der Werbeagentur Jung von Matt. Heute ist sie Sprecherin des Vorstands der Agentur Thjnk. Die Fachbibel „AdAge" hat sie auf die Liste der wichtigsten Frauen der Werbeszene in Europa gesetzt. Im Gespräch verrät sie, dass sie Spaß am Führen hat: „Ich bin gerne Rudelführer."

Bodo Janssen

Bodo Janssen studierte BWL und Sinologie und stieg im Anschluss ins elterliche Hotelunternehmen ein. Nachdem sein Vater bei einem Flugabsturz ums Leben gekommen war, übernahm er die Führung der Hotelkette „Upstalsboom". 2016 erschien sein Buch „Die stille Revolution: Führen mit Sinn und Menschlichkeit".

Dr. Frank Klinkhammer

Frank Klinkhammer ist CEO von Netcentric, des größten spezialisierten Adobe Marketing Cloud Implementierungspartners in Europa. Das Unternehmen, das vier Jahre nach der Gründung auf über 280 Mitarbeiter in sechs Ländern gewachsen ist, hat vor zwei Jahren Holacracy eingeführt. Mit der Einführung hat das Unternehmen in den Augen Frank Klinkhammers mehr Klarheit und Transparenz bei besserer Skalierung als mit einem klassischen Organisationsmodell erreicht.

Frank Kohl-Boas	Frank Kohl-Boas ist Head of HR Northwest, Central und Eastern Europe bei Google. Er hat Jura studiert und ist zugelassener Rechtsanwalt. Seine Karriere begann er bei Unilever, wechselte dann zur Shell Deutschland Oil GmbH und zu Coca-Cola, wo er zunächst in Berlin und anschließend in Australien tätig war.
Paul Kupfer	Paul Kupfer hat 2011 das Unternehmen Soulbottles gegründet, nachdem sein Freund Georg Tarne mit der Idee, gute und wiederverwendbare Trinkflaschen zu vertreiben, zu ihm kam. Innerhalb von wenigen Monaten entstanden in Pauls WG-Zimmer die ersten Soulbottles-Prototypen. Das Projekt wuchs schnell. Nach Angel Investment und Crowdfunding-Kampagnen ist er heute gemeinsam mit Georg Tarne einer der Geschäftsführer und ist besonders im Bereich Produktentwicklung und Vertrieb tätig.
Peter Leppelt	Bei Peter Leppelt dreht sich alles um Datenschutzproblematiken im Informationszeitalter. Der Wunsch nach verantwortungsvollem Umgang mit Informationstechnologien ließ den Elektro- und Informationstechnikingenieur 2008 das Unternehmen Praemandatum gründen. Aus dem „dezentral und frei" geführten Unternehmen Praemandatum gründete sich 2014 die Qabel GmbH aus – ebenfalls mit Peter Leppelt als Geschäftsführer.
Helmut Lind	Helmut Lind ist Vorsitzender des Vorstands der Sparda-Bank München und gilt laut Süddeutscher Zeitung als Philosoph unter den Bankern. Sein Institut soll nicht nur Renditen erwirtschaften, sondern dem Gemeinwohl dienen. Er glaubt an die „Einführung der Selbstorganisation durch Selbstorganisation".

Uwe Lübbermann	Uwe Lübbermann hat vor vierzehn Jahren Premium gegründet – eine kleine Getränkemarke ohne Büro, die von einem Internetkollektiv nach dem Prinzip der Konsensdemokratie gesteuert wird. Uwe Lübbermann glaubt an die Kraft des Kollektivs, das gemeinsam über große und kleine Themen wie „Anti-Mengenrabatte", „feste Umsatzanteile für die Alkoholismusvorsorge" oder „veganen Etikettenleim" entscheidet.
Bruno Marti	Bruno Marti ist Markenverantwortlicher bei der Designhotelkette 25hours. Er ist vom Zusammenhang von Markenpositionierung und Unternehmenskultur überzeugt: „Man kann nicht nach vorne dynamisch und jung und wild auftreten, und nach innen immer noch die gleichen versteinerten Strukturen pflegen, wie man sie in jedem anderen Traditionshaus finden kann."
Dr. Jens Müffelmann	Jens Müffelmann ist seit 1997 für die Axel Springer SE in verschiedenen Führungspositionen tätig. Diese beinhalteten die Leitung der Konzernstrategie/-entwicklung und die Verantwortung für den Geschäftsführungsbereich Elektronische Medien, zuständig für den Aufbau des Internet-, TV- und Radioportfolios. Seit 2014 ist er CEO der Axel Springer Digital Ventures GmbH, seit 2016 zusätzlich President des USA-Portfolios von Axel Springer (zum Beispiel Business Insider und eMarketer, neben einer Vielzahl an Minderheitsbeteiligungen an innovativen digitalen Angeboten wie zum Beispiel NowThis oder Mic).
Wolfgang Niessner	Seinen MBA absolvierte Wolfgang Niessner an der WU Wien. Seit 1999 gehört der Absolvent des Columbia Senior Executive Program in New York dem Vorstand des Vorarlberger Transport- und Logistikunternehmens Gebrüder Weiss an. Seit 1. Januar 2005 ist Wolfgang Niessner Vorstandsvorsitzender und außerdem für Logistik und Landverkehre zuständig.

Andreas Ollmann

Andreas Ollmann ist einer der Inhaber und Geschäftsführer der Ministry Group, einer Gruppe von Spezialisten für digitale Kommunikation entlang der Kundenkontaktkette. Außerdem ist der Hamburger Mitbegründer des Sozialunternehmens Hacker School, das Kinder und Jugendliche für Informatik und IT begeistert.

Prof. Dr. Horst Pirker

Horst Pirker ist Medienmanager, Verleger, seit zwei Jahren Geschäftsführer und seit Juni 2016 auch Mehrheitsgesellschafter der Verlagsgruppe News (VGN). Zuvor arbeitete Pirker als Vorstandsvorsitzender der Styria Media Group und Vorsitzender der Geschäftsführung bei Red Bull Media House. Horst Pirker ist zudem seit 2010 Universitätsprofessor für Medienmanagement und Medienentwicklung und war unter anderem Präsident des österreichischen Zeitungsverbands (2005-2010) und Präsident des internationalen Zeitungsverbandes IFRA (2005-2009).

Gisbert Rühl

Gisbert Rühl ist Vorsitzender des Vorstands (CEO) von Klöckner & Co – einem der größten produzentenunabhängigen Stahlhändler der Welt. Die Zukunft seiner Branche – davon ist der CEO überzeugt – besteht aus Einsen und Nullen. Deshalb treibt er aus Berlin die digitale Transformation des Duisburger Stahlriesens voran.

Klaus Schwarzenberger

Klaus Schwarzenberger ist Softwareentwickler und Entrepreneur. Er ist Co-Founder und CTO der Experience-Fellow GmbH, die verschiedene Softwareprodukte zur Planung von Customer Journeys bzw. zum Sammeln von Kundenrückmeldungen entlang der gesamten Customer Journey entwickelt hat. Darüber hinaus unterrichtet er Service Design und agiles Projektmanagement am Management Center Innsbruck.

Davor Sertic

Davor Sertic stieg nach Abschluss des BWL-Studiums 1989 in die Logistikbranche ein. 1996 folgte der Schritt in die Selbstständigkeit, im Jahr 2004 gründete Sertic die UnitCargo Speditions GmbH, die heute mit 65 Mitarbeitern pro Jahr 27 Millionen Euro umsetzt. Seit 2015 ist er Obmann der Sparte Transport und Verkehr der Wirtschaftskammer Wien. Davor Sertic erwartet von seinen Mitarbeiterinnen und Mitarbeitern, dass sie sich selber organisieren, führen und die Entscheidungen des Managements kritisch hinterfragen.

Dr. Mark Terkessidis

Mark Terkessidis arbeitet als Publizist zu den Themen (Populär-) Kultur, Migration und gesellschaftlicher Wandel. Eine Gesellschaft der Vielfalt, so Terkessidis, kann nur funktionieren, wenn viele Stimmen gehört werden und unterschiedliche Menschen zusammenarbeiten.

Dr. Stefan Teufl

Stefan Teufl ist Head Learning & Development bei der UniCredit Academy Austria. Seine Arbeitsschwerpunkte sind neue Formen des Lernens in der digitalen Arbeitswelt, Personal- und Organisationsentwicklung, Potenzialdiagnostik und Coaching.

Christiana Zenkl

Christiana Zenkl ist Personalleiterin der Infineon Technologies Austria AG. Sie verfügt über 20 Jahre einschlägige Berufserfahrung und damit über umfassendes Wissen um alle Aspekte und Herausforderungen eines State of the Art Human-Resource-Managements.

Einleitung:

Eine Reise in die Zukunft und eine Gebrauchsanweisung für das Hier und Heute. Wie Sie dieses Buch mit Gewinn lesen.

„Kindern erzählt man Geschichten zum Einschlafen.
Erwachsenen, damit sie aufwachen."
Jorge Bucay, argentinischer Schriftsteller

Halten wir uns nicht lange mit Begründungen auf: Die Digitalisierung schreitet rasant voran. Soziale Software hat so manche scheinbar ewig geltenden Regeln und Prozesse völlig ad absurdum geführt. Die Generation Y ist längst in den Unternehmen angekommen und bereitet bereits den Empfang für die Generation Z vor. Die Globalisierung der Märkte, die Fragmentierung der Gesellschaft und vielleicht auch so etwas wie ein neues Demokratieverständnis in den Köpfen der Menschen haben vieles infrage gestellt, was sich Führungskräfte lange Zeit unter Führung vorgestellt hatten. Und das Tempo wird immer schneller: Kaum zeichnet sich aus der Fülle der Konferenzen, Workshops und Bücher ein Trend für neue Arbeits- und Organisationsformen ab – da erscheint bereits das nächste Buzz-Word und das nächste Modell am Horizont. Erst Scrum, dann Holacracy, danach Design Thinking. Oder wurde erst Design Thinking und dann Scrum geboren? „Ach egal – Hauptsache agil", rufen uns die Trendsetter zu.

Fest steht nur eins: Führung und Organisation von gestern sind von gestern. Organisationen mit traditionellen Führungsmodellen zeigen Abnützungserscheinungen. Sie funktionieren mehr schlecht als recht, egal wie viel wir daran herumschrauben. Bisherige Erfolgsrezepte wirken auf einmal nicht mehr. Das trifft viele Führungskräfte unmittelbar und nicht selten völlig unvermittelt: Man ist doch wer und hat es zu etwas gebracht, sonst wäre man ja nicht hier. Warum soll das dann plötzlich nicht mehr reichen?

Führungskräfte müssen das Unmögliche möglich machen. Sie müssen ihre Organisation neu erfinden, ohne den Kontakt zu den Kunden zu verlieren. Sie müssen für Kontinuität und für Fortschritt stehen. Sie müssen ihren Mitarbeiterinnen und Mitarbeitern größtmögliche Freiheit und zugleich größtmögliche Orientierung bieten. Sie müssen die Gemeinschaft stärken und die Freiheit Einzelner fördern. Sie müssen lernen, Entscheidungen abzugeben und zugleich mehr Verantwortung zu übernehmen. Das alles mutig, entschieden und ohne jegliche Selbstzweifel. Ganz schön viel. Und ganz schön viel auf einmal. Leider gibt es keine Blaupausen, keine Erfolgsrezepte und keine einfachen Checklisten für den Unternehmenswandel. Das erleben wir in der Arbeit mit Führungskräften in jedem offenen oder Inhouse-Training aufs Neue. Jede Teilnehmerin und jeder Teilnehmer kommt mit der eigenen Wirklichkeit, dem individuellen Handlungsdruck und der persönlichen Veränderungsmotivation. Je komplexer, machtvoller und unumkehrbar die Veränderungswellen werden, desto größer wird der Wunsch nach der einfach anwendbaren universalen Lösung. Genau die kann es aber nicht geben – auch wenn es manche Berater oder Gurus gerne versprechen. Die neue Organisationsform als "Plug & Play"-Version muss erst noch erfunden werden. Und bis es so weit ist, kommt es auf die Führungskräfte an: ihre Persönlichkeit, ihre Aufnahmebereitschaft, ihren Veränderungswillen.

Viel zu oft denken wir bei den anstehenden Veränderungen, die das Phänomen Industrie 4.0 und seine Nachbeben mit sich bringen, an Technik, Prozesse und Produkte. Dabei sind es Menschen, die den Unterschied für Menschen machen. Das war so, das bleibt so. Umso mehr sind die Führungskräfte gefordert. Ihre Kompetenzen, ihre Werte und ihre Kontaktfähigkeit sind gefragt, wenn es gilt, dem Unternehmen eine Organisationsform zu geben, die mit den Umbrüchen der nächsten Jahre kompatibel ist.

Einstieg in den Wandel jederzeit möglich – ohne Schema F!

Die erste gute Nachricht:
▶ Gerade weil Führung immer beim eigenen Ich anfängt, ist der Einstieg in den Wandel jederzeit möglich.

Die zweite gute Nachricht:
▶ Es gibt kein Schema F für Neuausrichtung und Zukunftsorientierung.

Jede Führungskraft, jedes Team und jedes Unternehmen kann und muss sein eigenes Tempo, seine eigene Dynamik und seinen eigenen Transformationsrhythmus finden. In einem Unternehmen kann alles auf einmal ganz schnell gehen. Nach nur einem Jahr wirkt alles wie runderneuert: Verantwortlichkeiten, Prozesse und Zuständigkeiten, Vertriebskanäle, Markenversprechen und interne Glaubenssätze. In einem anderen wirken Traditionen, Routinen und Rituale bis heute fort. Und beides ist gut. Von beiden Fallbeispielen kann man lernen, wie Führung sich ändert und wie Führungskräfte ihre Ziele erreichen. Es gibt nicht mehr den einen richtigen Ansatz, sondern nur mehr die für die jeweilige Organisation passende Praxis. Übrigens ganz und gar nicht zur Freude so mancher Experten und Berater, die oft nach dem Alles-oder-nichts-Prinzip vorgehen und eine bestimmte Methode als das einzig Wahre verkaufen.

Wir wollten es genauer wissen: Wie erleben Führungskräfte den Wandel der Denk- und Handlungsmuster, der Organisationsformen und der gesellschaftlichen Umwelt? Wie reagieren sie auf die Forderung nach mehr Mitbestimmung, Selbstorganisation und Agilität, die sich aus verschiedenen Quellen speist? Wie sieht ihr Reiseplan für die Zukunft aus? Und welche Veränderungen sehen sie auf sich und auf ihre Position als Führungskraft zukommen?

Ein Blick in die Zukunft

Das haben wir Führungskräfte in österreichischen, schweizerischen und deutschen Unternehmen gefragt. Das Ergebnis ist ein kleiner Reiseführer in die Zukunft der Führung in neuen Organisationsformen. Ein Blick in die Ferne, der seine Hypothesen aus den Erfolgen und Problemen der Gegenwart ableitet. Auf diese Weise haben wir eine Vielzahl an Anregungen, Tipps und Impressionen gesammelt, die aus der Praxis stammen.

Die Arbeit an diesem Buch war für uns das reinste Vergnügen. Wir haben mit vielen beeindruckenden und sympathischen Menschen gesprochen, die uns in erstaunlicher – oder vielleicht auch gar nicht erstaunlicher, sondern einfach nur entwaffnender – Offenheit über ihren Reisestatus, ihr Gepäck und den Fahrplan ihrer Organisation in die Zukunft berichtet haben. Konzerne haben wir ebenso besucht wie Familienunternehmen. Wir waren in der Start-up-Szene Berlins und Wiens ebenso unterwegs wie in Graz, Zürich und Hamburg. Herausgekommen ist ein Führungskompendium, das auf Erfahrungen des Start-ups Soulbottles mit 20 Mitarbeitern ebenso aufbaut wie auf denen des Suchmaschinenanbieters Google mit etwa 65.000 Mitarbeiterinnen und Mitarbeitern.

Dieser Mix aus verschiedenen Größen, Branchen, Organisationsformen und Unternehmenstraditionen macht es uns möglich, in diesem Buch über die Zukunft der Führung und die Organisationsformen der Zukunft nachzudenken, und dabei mit unseren Hypothesen ganz nah am Alltag der Führungskräfte zu bleiben. Viele spannende und mutige Ansätze für selbstorganisierende Organisationen, die zurzeit in Seminaren, in Zeitschriften und im Netz diskutiert werden, finden vor allem in

Start-ups, bei Softwareanbietern und Beratungsunternehmen ihre praktische Umsetzung. Von dort kommen viele Ansätze, die uns faszinieren und animieren. Scrum
als Methode zur agilen (Software-) Projektentwicklung mag hier als Beispiel genü-
gen. Aber was für die Selbstorganisation der Softwareentwickler hervorragend
funktioniert, kann und muss nicht unbedingt die Richtschnur für Industriebetriebe,
Genossenschaftsbanken oder Familienunternehmen sein.

In der Praxis findet sich immer eine Parallelität von alten und neuen Ansätzen,
Umbrüchen und Kontinuitäten. Vieles, was in der Managementtheorie und -literatur
en vogue ist, muss lange auf seine Umsetzung in die Praxis warten. Genauso umgekehrt: Manchmal vollzieht sich ein kollektives Umdenken, ein Wandel der Gewohnheiten und Praktiken so geräuschlos, dass man gar nicht mehr darüber spricht.
Trotz aller Vielfalt und der Gleichzeitigkeit des Ungleichzeitigen gibt es so etwas
wie einen Grundton oder einen gemeinsamen Refrain unter allen Führungskräften:
Führung muss ganz anders aussehen als vor zehn, zwanzig Jahren.

Junge Wilde und alte Hasen

Deshalb haben wir bewusst eine bunte Liste zusammengestellt und uns über die
Diversität unserer Gesprächspartner sehr gefreut. Es war uns wichtig, von der Erfahrung weiblicher Top-Führungskräfte ebenso profitieren zu können wie von
männlichen Kollegen, von jungen Wilden ebenso wie von alten Hasen.

Hernstein steht seit über fünfzig Jahren für Führungskräfteentwicklung in Österreich und im deutschsprachigen Europa. Aus diesem Grund haben wir für dieses
Projekt Führungskräfte aus Österreich, Deutschland und der Schweiz befragt. Auch
diese Verteilung hilft uns, nutzbare Erkenntnisse für die tägliche Führungspraxis zu
generieren: So ähnlich, verwandt und benachbart unsere Gesprächspartner und ihre
Unternehmen hinsichtlich Sprache, Managementkultur und Marktverständnis auch
sein mögen, so sind sie doch verschiedenen wirtschaftlichen Rahmenbedingungen
unterworfen.

Die Erfahrungen unserer Gesprächspartner, von denen viele selbstverständlich
international denken müssen, beziehen sich also auf durchaus unterschiedliche
Wirtschaftskontexte. Diese Aktualitäten des Tagesgeschäfts haben in unseren Gesprächen immer eine Rolle gespielt – und sei es in Form von dringenden Anrufen
oder schnell zu beantwortenden WhatsApp-Nachrichten. Derartige Unterbrechun-
gen haben wir gerne in Kauf genommen. So haben wir die Führungskräfte mitten
im Führungsalltag angetroffen und ihnen Tipps und Anregungen für den Führungsalltag entlocken können.

Herausgekommen ist ein Kompendium, das Ihnen hilft, Ihre Agenda neu ab-
zustecken, Ihre Aufgaben zu priorisieren und sich selbst auf den Wandel einzustellen.

Die Erzählungen des Start-up-CEOs in den Zwanzigern, der seit vier Jahren die neue Organisationspraxis Holacracy umsetzt, sind dabei ebenso hilfreich wie die Ausblicke des erfahrenen Logistikunternehmers: Seine Branche mag auf den ersten Blick traditioneller aufgestellt sein. Die neuen Herausforderungen spüren Unternehmen und Unternehmer hier in gleichem Ausmaß – und entwickeln eigene Lösungen. Der Blick über den Tellerrand ist wichtig für alle Seiten. Die Ideen, der Esprit und die Selbstverständlichkeit, mit der junge Start-up-Führungskräfte auf neue Formen der Zusammenarbeit setzen, liefern auch für erfahrene Managerinnen und Manager wichtige Inspiration und die Ermutigung zum Querdenken. Auch dann, wenn sich nicht alle Methoden und Lösungen, die im kleinen und frisch gegründeten Unternehmen funktionieren, beliebig auf Großunternehmen übertragen lassen. Umgekehrt helfen die Berichte aus dem reichen Erfahrungsschatz der Konzernführungskräfte den Gründern und Start-up-Managern, an den neuen und ehrgeizigen Ideen festzuhalten, wenn sich Problemzonen in Unternehmen bemerkbar machen und Wachstumsschmerzen auftreten.

Sehnsucht nach Leichtigkeit
Für uns war es immer wieder spannend zu erfahren, dass alle Führungskräfte, mit denen wir gesprochen haben, einen starken Drang und eine Sehnsucht verspüren: nach dem Aufbrechen starrer Strukturen, nach Selbstorganisation und vor allem nach Leichtigkeit und Beweglichkeit.

Der eine gibt dem Unterfangen einen Namen und ruft ein neues Programm aus. Der andere sieht sich eher in der Tradition eines klassischen Führungsverständnisses und merkt erst im Laufe des Gesprächs, wenn er sich selbst zuhört, wie tiefgreifend viele kleine Schritte die Organisation bereits verändert haben und verändern werden.

Das erwartet Sie auf den nächsten Seiten
Dieses Buch soll sich Ihren Wünschen und Ihren Leseanforderungen anpassen. Sie können sich Anregungen für die nächste große Etappe im Organisationswandel holen oder viel kleine Tipps, wie Sie als Führungskraft hierarchieübergreifende Zusammenarbeit fördern und ein paar alte Zöpfe abschneiden können.

Wir beginnen unsere Reise in die Zukunft der Führung mit einer kurzen Reflexion, in der wir aufzeigen, wie und warum sich aktuell ein Paradigmenwechsel in Führung und Organisation vollzieht.

Hierarchie in Organisationen ist seit jeher ein beliebter Angriffspunkt. Führungskräfte sind schon immer von Beratern, von der Wissenschaft, von der Publizistik und nicht zuletzt von ihren Mitarbeiterinnen und Mitarbeitern aufgefordert worden, sich zu ändern und neue Verhaltensweisen vorzuleben. Sie stehen immer schon vor der Aufgabe, sich und die Organisation zu verändern. Die Digitalisierung, die Globalisierung und die Ankunft der Generation Y in den Unternehmen potenzieren den Handlungsdruck. Nur Unternehmen, die sich öffnen und die Aufgaben, Rollen und Verantwortung neu verteilen, bleiben zukunfts- und wettbewerbsfähig.

Im Hauptteil des Buches haben wir zusammengestellt, wie sich die Arbeits- und Aufgabenbereiche der Führungskräfte ändern. Manche Aktivitäten und Aufgaben, die früher unser Bild von Führungskräften geprägt haben, ändern sich oder fallen weg. Andere kommen hinzu. Vieles unterscheidet sich von Branche zu Branche, von Unternehmen zu Unternehmen. Insgesamt aber zeigt sich, dass Führung nicht verschwindet, jedoch neu definiert wird.

Aktuelle Ansätze zu Führung und Organisation bringen oft neue Begriffe und Definitionen mit sich. Deshalb wird ein kleines Glossar der neuen Organisationsformen an das Ende des Buches gestellt. Insgesamt haben wir uns bemüht, möglichst wenig auf Fachvokabular zurückzugreifen und die klare Sprache, die die Führungskräfte in unseren Interviews gefunden haben, beizubehalten. Deshalb haben wir auch auf komplexe Beschreibungen von Ansätzen und Praktiken wie zum Beispiel Holacracy verzichtet. Hier verweisen wir lieber auf die einschlägige Fachliteratur. Uns geht es darum, unsere Leserinnen und Leser an den Erfahrungen, Geschichten und Aha-Erlebnissen von 30 Führungskräften teilhaben zu lassen.

Vielleicht können wir auf den kommenden Seiten etwas von der Zuversicht unserer Gesprächspartnerinnen und Gesprächspartner vermitteln – und von ihrer Offenheit und Lust auf einen ergebnisoffenen Prozess. Wenn das geschieht, sind wir zufrieden.

Das wird bleiben:
Warum sich der Trend zur Selbstorganisation als Paradigmenwechsel beschreiben lässt

„Was ein Mensch sieht, hängt sowohl davon ab, worauf er blickt, wie davon, worauf zu sehen ihn seine visuell-begriffliche Erfahrung gelehrt hat. "
Thomas S. Kuhn

Komplexität und Unberechenbarkeit prägen das Arbeitsumfeld von Führungskräften wie nie zuvor. Die wirtschaftlichen Rahmenbedingungen schwanken rasant und die Märkte agieren immer unberechenbarer. Die Produktionszyklen nehmen an Fahrt auf. Junge, selbstbewusste Wissensarbeiterinnen und Wissensarbeiter wünschen sich mehr Mitbestimmung und möchten ihre Arbeit gerne selbst organisieren. So kommen viele Führungskräfte, Unternehmer, Aktionäre und Aufsichtsräte immer klarer zur Erkenntnis, dass die Unternehmen von morgen nicht auf den Hierarchien von gestern aufbauen können. Die Hierarchiepyramide mit der singulären Top-Führungskraft hat ausgedient. Diese Ansicht ist im Jahre 2016 nicht mehr radikal. Sie ist gesellschaftsfähiger Konsens.

So sprechen zum Beispiel der Philosoph und Hochschullehrer Peter Heintel und der Psychologe Ewald E. Krainz von einer Hierarchiekrise:

> „Unsere Organisationen in Wirtschaft und Verwaltung, Wissenschaft und Politik sind hierarchisch strukturiert. Lange Zeit fand man nichts dabei, heute aber wird die Krise des hierarchischen Systems immer augenfälliger. Dafür gibt es zwei Gründe: Die zunehmende Größe der Organisationen, die damit für sich selbst unübersichtlich werden, und das komplizierter werdende Verhältnis der Organisation zu ihrer Umwelt." (Heintel und Krainz 1988)

Diese Analyse ist nachvollziehbar, zutreffend und pointiert. Bleibt nur ein Problem: Sie ist schon fast dreißig Jahre alt.

1988 veröffentlichten Heintel und Krainz ihr Buch über Projektmanagement mit dem vielsagenden Untertitel: „Eine Antwort auf die Hierarchiekrise?"

Damals war es also das Projektmanagement, das verkrustete Strukturen aufbrechen, Silos überwinden und Unternehmen schneller und schlagkräftiger machen sollte:

„Die Einrichtung von Projekten, die quer zur Hierarchie und abweichend vom Normalbetrieb laufen, soll es Unternehmen ermöglichen, schneller, flexibler und leistungsfähiger auf Umweltanforderungen zu reagieren." (Heintel und Krainz 1988)

Heute, fast dreißig Jahre später, hat sich gar nicht viel verändert. Projektmanagement hat sich etabliert, ohne die Hierarchien aufzulösen oder abzuschaffen. Nach wie vor ist die Hierarchie in der Diskussion. Noch immer soll sie abgeflacht, abgeschafft und niedergerissen werden. Aber sie hat überlebt.

Aus klassischem Projektmanagement wird agiles Projektmanagement
Das klassische Projektmanagement hat nicht nur smarte Ziele, klar geordnete Projektphasen und Projektcontrolling über Meilensteine in die Unternehmen gebracht. Vor allem hat es den Unternehmen neue Möglichkeiten für schnelles und abteilungsübergreifendes Handeln eröffnet.

Mittlerweile aber sieht sich Projektmanagement selbst durch neue Ansätze herausgefordert. Agile Methoden wie Scrum gehen davon aus, dass moderne Entwicklungsprojekte – zum Beispiel in der Softwareindustrie – zu komplex sind, um durchgängig im Sinne des klassischen Projektmanagements geplant werden zu können. Agiles Projektmanagement will schneller und spontaner reagieren und den hohen Dokumentationsaufwand, der im klassischen Projektmanagement immer mehr anwächst, reduzieren.

Zumindest in der Managementliteratur und auf Vortragsfolien hat agiles Projektmanagement längst das klassische Projektmanagement abgelöst. Mit den neuen Vertretern des agilen Projektmanagements haben sich die Akteure und Herausforderer der hierarchischen Organisation inhaltlich verjüngt. Ihr Feindbild mag sich schon wieder oder immer noch in einer Krise befinden. Aber es zeigt zähe Beständigkeit.

Ziel der Bewegung: Bewusstseinsschub im Management
Zwar hat es in den Unternehmen[1] immer schon Arbeits- und Entscheidungsgruppen quer durch die Hierarchie gegeben. Der besondere Impetus des „wirklichen Projekt-

---

[1] Wir verwenden die Begriffe Organisation und Unternehmen an verschiedenen Stellen synonym. Natürlich gibt es auch Organisationen außerhalb des Unternehmenskontextes: in der Verwaltung, Im Not-For-Profit-Bereich, in der Wissenschaft usw. Unsere Interviewpartner sind aber Führungskräfte in Wirtschaftsunternehmen, deshalb konzentrieren wir uns auf den Unternehmenskontext.

managements", wie Heintel und Krainz es nennen, liegt in den achtziger Jahren in seinem Anspruch: Projektmanagement will die teilweise informell agierenden Gruppen und Projekte bewusst einsetzen und stabilisieren. Letztlich geht es auch damals um einen Bewusstseinsschub:

> „Wurde früher Management eigentlich nur von der Spitze (Vorstand, Geschäftsleitung) und vielleicht noch von der zweiten Ebene verlangt, geht es jetzt ‚hinunter' bis zu den Meistern und Vorarbeitern." (Heintel und Krainz 1988, S. 10)

Die Organisation schlägt zurück: Systemabwehr

Es ist durchaus verständlich, dass gegen solche Ansprüche von innen und außen Abwehren aufgeboten werden, die die innenpolitischen Auseinandersetzungen in Organisationen prägen. Heintel und Krainz sprechen von Systemabwehr und haben ihrer Betrachtung des Projektmanagements als Antwort auf die Hierarchiekrise eine kleine Phänomenologie des Abwehrhaltens vorangestellt. Auch gut dreißig Jahre später sind diese Beobachtungen ebenso unterhaltsam wie zutreffend:

> „Die ‚starken Alten' versuchen zu beweisen, dass alles ‚neumodischer Quatsch' ist und die bewährten Methoden immer noch die besten sind.
>
> Die ‚listigen Alten' mimen Anpassung, torpedieren aber, bewusst und unbewusst, wo sie können, oft sogar von ihnen selbst gewünschte und mitinitiierte Veränderungen.
>
> Um ihr Prestige fürchtende Autoritäten besuchen irgendwo heimlich Managementkurse, um sich zu informieren oder sich mit Gegenargumenten zu bewaffnen.
>
> Wissenschaftsgläubige übernehmen ein Modell nach dem anderen, lassen es aber schnell verschleißen, weil sie sich der Mühe konkreter Anpassung entziehen.
>
> Die ‚Jüngeren' verwenden alles Neue als Kampfmittel gegen die Alten, um ihnen Inkompetenz nachzuweisen." (Heintel und Krainz 1988, S. 11)

Dabei handelt es sich um Phänomene, mit deren Auftreten quasi naturwüchsig zu rechnen ist, unabhängig von den konkreten beteiligten Personen.

Wir sind sicher, dass viele unserer Leserinnen und Leser entweder sich selbst oder zumindest Personen aus dem nahen Umfeld erkannt haben. Das Verhalten ist uns sehr vertraut. Auch in der heutigen Zeit, in der bisweilen nicht nur die Hierarchiekrise attestiert, sondern sogar das Ende der Hierarchie vorhergesagt wird.

„Verzicht auf Führungskräfte: Cheflos arbeiten durchs ganze Jahr" ist 2015 ein Beitrag im Deutschlandfunk überschrieben. „Weg mit dem Chef!" titelt die ZEIT. Der Standard fragt angesichts neuer Organisationsmodelle: „Kommt die Revolution der Führung?"

New Way of Work: Eine völlig neue Art zu arbeiten
Jeden Tag werden die traditionellen, hierarchisch geprägten Organisationen auf unzähligen Kongressen, in jeder aktuellen Ausgabe einer Fachzeitschrift und vor allem jeden Tag in den sozialen Netzwerken infrage gestellt. Als Alternative wird die Zukunft des demokratischen Unternehmens vorhergesagt, die agile Organisation gefeiert oder ganz allgemein eine neue Art des Arbeitens als „the new way of work" gepriesen. Im Gefolge bieten Beratungsunternehmen ihre Leistungen an, um Organisationen in das neue Zeitalter der hierarchiefreien Organisation zu begleiten: vom ersten Impulsworkshop bis zur Komplettlösung Holacracy, die in der Endausbaustufe eine komplett selbstorganisierte Organisation verspricht und die Software zur Selbstverwaltung gleich mitliefern möchte.

Sollen Chefs sich selbst abschaffen?
Inmitten dieser Schlagzeilen um die Welt ohne Chefs entdecken viele Führungskräfte ihre eigene Verunsicherung. Sie sehen die Veränderung in Wirtschaft und Gesellschaft und spüren den Veränderungsdruck. Andererseits haben sie in der Vergangenheit keineswegs erfolglos gearbeitet. Viele Unternehmen in Österreich, Deutschland und der Schweiz stehen im internationalen Vergleich besser da als je zuvor. In vielen Branchen stellen diese Länder in langer Tradition die Marktführer. So ganz falsch gelegen haben können die Unternehmen nun auch wieder nicht. Und die Chefs? Gelobt für Erfolge in der Vergangenheit und in der Zukunft nicht mehr benötigt? Viele Führungskräfte sehen die Notwendigkeit, die Unternehmen agiler und flexibler zu gestalten und in diesem Zuge Entscheidungsprozesse zu öffnen und Befugnisse zu verteilen. Aber sich deswegen gleich selbst abschaffen?

Im Grunde sind die Führungskräfte heute nicht weniger verunsichert als vor dreißig Jahren, als die Führungspyramide durch das traditionelle Projektmanagement infrage gestellt worden ist. Damals schreiben Heintel und Krainz:

> „Die inhaltliche ‚Auffüllung' des Begriffs Management und vermutlich seine Etablierung als Begriff überhaupt hängen mit der Komplexitätszunahme eng zusammen. Es gibt nun also eine ‚Verbreiterung' von Management bis in untere Hierarchieebenen, die aber verunsichernd wirkt, weil sie Entscheidungsprozesse komplizierter macht, Ansprüche auf Selbstständigkeit unter den Mitarbeitern erhöht, damit Konfliktpotentiale vervielfacht – lauter Dinge, die in der früheren ‚patriarchalischen Exekutionshierarchie' undenkbar waren." (Heintel und Krainz 1988, S. 10)

Plötzlich sollen gelernte Handlungsmuster nicht mehr gelten. Führungskräfte sollen sich ändern, Neues wagen und ausprobieren. Gleichzeitig sollen sie für Ruhe und

Sicherheit sorgen und garantieren, dass die Umsätze nicht einbrechen und das Wachstum gesteigert werden kann.

Es ist nachvollziehbar, dass sich auch im zweiten Jahrzehnt des 21. Jahrhunderts eine ähnlich starke Systemabwehr gegen neue Ansätze stemmt wie vor dreißig Jahren bei Einführung des Projektmanagements.

Auch heute gibt es die starken Alten, die listigen Alten und um ihr Prestige fürchtende Autoritäten, die neuen Ansätzen für die Organisation von Unternehmen abwehrend oder zumindest abwartend gegenüberstehen.

Wer auf die Systemabwehr vertraut, glaubt, nur so lange warten zu müssen, bis aktuell beliebte Ansätze und Praktiken wie Scrum für das Projektmanagement und Holacracy für die Organisation von neueren und moderneren Verfahren herausgefordert werden. Ganz nach dem Motto: Nichts wird so heiß gegessen, wie es gekocht wird.

Zappos als Holacracy-Großversuch
Unternehmen in den USA und in Europa, die vor einigen Monaten mit eigenen PR-Aktionen darauf aufmerksam gemacht haben, dass sie neue Wege in der Organisation beschreiten wollen, stehen unter vielfältiger Beobachtung der Freunde wie der Kritiker. Zum Beispiel der Versandhändler Zappos, der sich als Amazon-Tochterunternehmen auf Schuhe und Modeartikel konzentriert.

Im Januar 2014 hat Zappos-CEO Tony Hsieh die Einführung von Holacracy verkündet und gut ein Jahr später die Umstellung vollzogen. Damit ist der Onlinehändler mit über 1.500 Mitarbeitern weltweit das größte Unternehmen, das auf diese neue Praxis setzt. Die Holacracy-Fans und -Gegner beobachten es mit Argusaugen. Zappos ist in der Berichterstattung längst zum öffentlichen Selbstorganisationsversuchslabor geworden.

2015 ist ein Raunen durch die Community gegangen, als Tony Hsieh alle Mitarbeiter vor die Wahl stellte, sich entweder für die neue Organisationsform zu entscheiden, oder das Unternehmen mit einer Abfindung zu verlassen. Etwa 18 Prozent der Mitarbeiterinnen und Mitarbeiter haben den goldenen Handschlag angenommen. Das ist in der Onlinebranche, die durch den „War for Talents" geprägt wird, ein herber Verlust. Jetzt sind die Beobachter gespannt, wie Zappos seinen Weg mit Holacracy fortsetzt – und jede Entscheidung wird sofort als Erfolg oder als Rückschlag für den genau definierten Prozess der Selbstorganisation gewertet.

Fortune Magazine: „Why We Still Need Bosses"
Ähnlich große Aufmerksamkeit hat ein Blogpost des Medienunternehmens Medium erhalten. Auch das Unternehmen des Twitter-Gründers Evan Williams hat als ein Vorreiter und Paradebeispiel für die Einführung von Holacracy gegolten. Nun hat

Evan Williams im März 2016 verkündet, ab sofort nicht mehr nach Holacracy zu arbeiten und stattdessen auf eigene, maßgeschneiderte Ansätze zu setzen (Williams 2016). Mediums Abkehr hat das Wirtschaftsmagazin Fortune zu einem Kommentar mit der Überschrift „Why We Still Need Bosses" („Warum wir immer noch Chefs brauchen") veranlasst (Tabak 2016).

Noch ist vieles im Fluss. Während auf der einen Seite immer mehr Unternehmen den Sprung in die Selbstorganisation wagen, gehen andere wieder zu Hierarchien und klaren Führungsstrukturen zurück. Während Bücher und Artikel zum Thema Führung ohne Chefs gedruckt werden, erscheinen im Netz und in den Zeitschriften ebenso viele Artikel und Blogbeiträge im Tenor des Fortune-Beitrages.

Fast scheint es, dass die starken und die listigen Alten gar nicht mehr lange aushalten müssen und sich auf die Systemabwehr verlassen können. Schließlich haben sie in ihren Augen schon Bewegungen wie Total-Quality-Management, Performance Improvement oder Business Process Reengineering überstanden und überlebt. Auch der Trend zu selbstorganisierenden Organisationen könnte sich umkehren oder an Kraft verlieren. So könnte man denken. Das allerdings hieße, bahnbrechende Umbrüche in Wirtschaft und Gesellschaft zu ignorieren.

Trend zu mehr Selbstorganisation wird bleiben

Wir sind überzeugt, dass es sich keine Führungskraft leisten kann, sich dem Trend zu mehr Selbstorganisation und flacheren Hierarchien zu entziehen. Aus mehreren Gründen. Zwar glauben auch wir, dass Holacracy als eine Form der radikalen Selbstorganisation nicht die Breitenwirkung erreichen wird, die sich momentan viele Beraterinnen und Berater erhoffen. Aber es wäre fahrlässig, den Trend zu mehr Selbstorganisation mit dem Erfolg eines strikten und in seiner Form sehr rigiden Ansatzes zu verwechseln. Medium zum Beispiel hat sich zwar von Holacracy verabschiedet. Es bleibt den Ansätzen zu mehr Selbstorganisation aber treu.

Mehr Organisationsbewusstheit

Die aktuelle Diskussion um flache Hierarchien hat langfristige Folgen. Das ist kein Strohfeuer. Die Projektmanagementansätze als Antwort auf die Hierarchiekrise mögen vor dreißig Jahren noch auf mächtige Systemabwehr getroffen sein. Aber sie sind nicht wirkungslos geblieben. Im Gegenteil. Sie haben sowohl den Organisationen selbst wie ihren Führungskräften zu mehr Organisationsbewusstheit verholfen, wie es Heintel und Krainz beschreiben:

> „Es bleibt also Organisationen nichts anderes übrig – pathetisch gesagt: bei Strafe des Untergangs –, als sich neue Kompetenzen anzueignen, um dann bewusster handeln zu können. … Man muss Schwierigkeiten und Konflikte aufgreifen und analysieren

lernen, muss über die ‚Sozialgesetze' von Gruppen und Organisationen einigerma-
ßen Bescheid wissen und sich über die strukturellen, organisatorischen, sozialen und
emotionalen Bedingungen von Verhaltens- und Handlungsweisen informieren. Das
bewährte Verfahren, bei jedem Problem einen Schuldigen zu suchen, Organisations-
probleme also bequemlichkeitshalber zu individualisieren, würde dann allmählich der
übergeordneten Frage nach Ursachen in Gesamtkonstellationen weichen." (Heintel
und Krainz 1988, S. 12)

Mehr als ein Schönwetterthema

Die gesteigerte Organisationsbewusstheit trifft in unseren Tagen auf drei fundamen-
tale Veränderungen in Wirtschaft und Gesellschaft:

* Globalisierung
* Digitalisierung
* Eintritt der Generation Y in Organisationen und in Führungspositionen

Auf diese Herausforderungen suchen alle Unternehmen und Führungskräfte eine
Antwort. Selbstorganisation erscheint vielen als Ziel wie als Methode, um agiler,
kreativer und kundenorientierter zu arbeiten.

Elemente der Selbstorganisation in großen wie in kleinen Unternehmen sind
keine Modeerscheinung. Auch kein Beratungstrend, der bald wieder von der Tagesordnung genommen und in der Mottenkiste der Managementansätze verschwinden
wird. Was wir im Moment erleben, ist nicht mehr und nicht weniger als ein Paradigmenwechsel in Führung und Organisation.

Paradigmenwechsel in der Führung

Für den Historiker Thomas S. Kuhn vollzieht sich Fortschritt nicht durch kontinuierliche Veränderung, sondern durch revolutionäre Prozesse. Ein bisher gelten-
des Erklärungsmodell wird verworfen und durch ein anderes ersetzt. Diesen Vor-
gang bezeichnet sein berühmt gewordener Terminus Paradigmenwechsel (Kuhn
1973).

Auch in der Betrachtung von Organisationen wie in der Bewertung der Arbeit
und der Leistung von Führungskräften hat sich aus unserer Sicht ein Paradigmenwechsel vollzogen. „Was ein Mensch sieht, hängt sowohl davon ab, worauf er
blickt, wie davon, worauf zu sehen ihn seine visuell-begriffliche Erfahrung gelehrt
hat", schreibt Kuhn (1973, S. 125). Und in der Betrachtung der Arbeit der Führungskräfte hat sich ebenso ein Wandel vollzogen. Vieles von dem, was eine Führungskraft früher ausgezeichnet hat, was ihren Ruf, ihren Status und ihren Nimbus gefestigt hat, wird heute anders bewertet. Dafür treten neue Aufgaben, neue Verantwortlichkeiten und neue Hoffnungen hinzu.

Führen in der VUCA-Welt

Pointiert formuliert: Hat man früher von einer Führungskraft erwartet, an der Spitze einer Organisation zu stehen, erwartet man heute von ihr, diese Organisation maßgeblich zu verändern.

Das lässt sich durch die Veränderungen, Brüche und Unsicherheiten erklären, die die VUCA-Welt mit sich bringt:

In unserer schnelllebigen Welt besitzen Informationen keinerlei prognostische Aussagekraft mehr. Dazu wechseln die Rahmenbedingungen zu schnell, sind Interessenkoalitionen zu vielschichtig und verändern sich Motivlagen zu oft. Die Konsequenz sind Volatility (Unberechenbarkeit), Uncertainty (Ungewissheit), Complexity (Komplexität) und Ambiguity (Ambivalenz). Kurz: VUCA.

In der VUCA-Welt müssen wir uns damit abfinden, dass sowohl die Organisation an sich wie die Führungskräfte an ihrer Spitze nicht mehr erfolgreich sein können, wenn sie das tun und fortschreiben, was sie schon immer getan haben und was schon immer Bestand gehabt hat. Heintel und Krainz formulieren es so:

> „Wir müssen heute zur Kenntnis nehmen, dass unsere Institutionen und Organisationen nicht mehr aus sich selbst vernünftig sind, dass sie nicht mehr durch Sachzwänge gesteuert werden, dass sie globalere und komplexere Probleme als früher lösen müssen und dafür in Aufbau und Funktion und Arbeits-Organisation nicht mehr geeignet sind." (Heintel und Krainz 1988, S. 12)

Damit werden aber auch Bewertungsraster und Erfolgskriterien obsolet. Der Blick auf Führung und Organisation ist deutlich anders geworden. Deshalb wird sich Führung und Organisation rasanter und einschneidender weiterentwickeln als in den Jahren und Jahrzehnten zuvor. Mit dem neuen Blick auf Organisationen steigen auch die Chancen, sie zu verändern.

Organisationskritik hat lange Tradition

Das Bemühen, die Organisation zu enthierarchisieren und zu demokratisieren, ist nicht neu, wie uns der Organisationsforscher Ayad Al-Ani im Gespräch erläutert:

> „Man muss auch verstehen, wo und in welchem Kontext die heutigen Organisationen entstanden sind. Es hat ja in der Menschheitsgeschichte immer wieder Phasen gegeben, in denen man einmal dezentralisierter, kollaborativer zusammengearbeitet hat und dann wieder hierarchisierter. Die Organisation, in der wir heute arbeiten, entstand im Zuge der Industriellen Revolution, als es vor allem darum ging, ungelernte Arbeitskräfte, Frauen und Kinder in die Fabriken zu pressen und hierarchisch zu steuern.

Und selbst damals war es noch lange nicht ausgemacht, dass die Organisation so sein muss, wie sie heute ist."

Wahrscheinlich ist die Hierarchiekritik so alt wie die hierarchische Organisation selbst. Früher sind Ansätze zur Organisationsveränderung zumeist von bestimmten Denkschulen, Milieus oder Forschungsansätzen ausgegangen. Heute speisen sich die Impulse zur Selbstorganisation, die an mehreren Stellen gleichzeitig sichtbar werden, aus mehreren Quellen. Sie stammen zugleich aus Wissenschaft, aus der Beratungswelt und aus gelebter Praxis in den Start-up-Szenen der Metropolen. Diese Verflechtungen und Verbindungen haben eine neue Qualität und verleihen den Veränderungstendenzen ihre Schubkraft.

Hierarchiekritik in den siebziger Jahren
Bereits Mitte der siebziger Jahre hat der US-amerikanische Wissenschaftler Stephen A. Marglin gefragt: „What do bosses do?" Schon damals bezweifelt er, dass die hierarchische Organisation eine technologische und ökonomische Effizienzsteigerung hervorbringt. Vielmehr sei sie geschaffen, um die Machtposition und nicht zuletzt die Rente der Kapitalisten abzusichern. In den siebziger und achtziger Jahren sind viele Ansätze entstanden, die die Organisationen ändern und Macht neu verteilen wollten. So ist als gewerkschaftsnaher Gegenentwurf zur allgemeinen Betriebswirtschaftslehre die Arbeitsorientierte Einzelwirtschaftslehre AOEWL entstanden. Die AOEWL stellt die Interessen der Arbeitnehmer und die demokratischen Rechte des Bürgers in den Mittelpunkt der Organisationsbetrachtung. Ein Ansatz, der, wie der Organisationsforscher Ayad Al-Ani im Gespräch mit uns feststellt, „wahrscheinlich schon aufgrund des sperrigen Namens scheitern musste":

> „Erstaunlicherweise nahm dieses Konzept viele Aspekte der amerikanischen Managementlehre vorweg, selbst wenn man es bei seiner Entstehung als politisch-ideologisches Machwerk abqualifizierte."

Ebenfalls in den siebziger Jahren ist die Methode der Soziokratie entstanden, die auf dem Prinzip der Gleichwertigkeit und auf wissenschaftlichen Erkenntnissen der Kybernetik basiert. Mit ihrem Prinzip der Konsensbeschlussfassung und der Organisation der Arbeit in Kreisen und Kreisprozessen wirkt die Soziokratie heute wie ein Vorläufer oder wie die Vorlage für aktuelle Ansätze wie etwa Holacracy.

All diese Gegenentwürfe haben sich in der Praxis nie durchsetzen und die traditionelle hierarchische Organisation nie wirklich herausfordern können.

Psychologen, Systemiker und der Versuch, das Unerträgliche erträglicher zu machen

In jedem Jahrzehnt hat es Ansätze gegeben, die Organisationen zu verändern und zu reformieren. „Immer mit der Komplizenschaft der Psychologen", wie der Organisationforscher Ayad Al-Ani leicht ironisch hinzufügt:

> „Psychologen haben immer versucht, das Unerträgliche erträglicher zu machen."

So sieht Al-Ani zum Beispiel im systemischen Ansatz der Organisationsentwicklung in den achtziger und neunziger Jahren den Versuch, die Hierarchie „etwas heimeliger" zu machen:

> „Zwar hat man die Grundkonflikte nicht lösen können. Dafür hat man dann versucht, die zwischenmenschlichen Probleme, die meistens vom System gesteuert waren, irgendwie in den Griff zu bekommen."

Die Organisation entdeckt das Lernen – oder auch nicht

Die neunziger Jahre des zwanzigsten Jahrhunderts standen ganz im Zeichen des Shareholder-Value-Konzeptes. Es richtet unternehmerische Entscheidungen ausschließlich am Nutzen für die Aktionäre aus. „Immer mehr, immer schneller, immer weiter hieß das Motto, das Top-Down geradezu militärisch kaskadiert wurde" erinnert sich Thomas Sattelberger, der in den neunziger Jahren mit der Lufthansa School of Business die erste Corporate University in Deutschland gegründet hat (Manager-Seminare 2015, S. 39).

Zugleich hat es in dieser Zeit immer wieder Versuche gegeben, das Individuum stärker in die Organisation einzubinden und ihm mehr Freiraum zu gewähren. Dies allerdings nicht, weil man dem Individuum mehr Kreativität bescheinigen und einräumen wollte, wie Ayad Al-Ani beobachtet:

> „Es waren mittlerweile so viele Puffer und Freiräume aus der Organisation herausgenommen worden, dass die Produktionsabläufe schon so zerbrechlich waren, dass man immer wieder ein kreatives Individuum brauchte, um bei Unterbrechungen und bei Fehlerbereinigungen schnell aktiv zu werden."

In dieser Zeit setzen sich systemische Ansätze der Organisationsbetrachtung immer mehr durch. Zum Beispiel Peter Senges Ansatz der lernenden Organisation.

Für Senge und viele Trainerinnen und Organisationsberater in seinem Gefolge ist die Fähigkeit, schneller zu lernen als die Konkurrenz in der Wissensgesellschaft, der vielleicht wichtigste Wettbewerbsfaktor überhaupt:

„Da die Welt immer enger zusammenrückt und die Komplexität und Dynamik der Wirtschaft ständig zunimmt, muss die Arbeit ‚lernintensiver' werden. Es reicht nicht mehr aus, dass eine einzelne Person, ein Ford oder Sloan oder Watson, stellvertretend für die gesamte Organisation lernt. Es wird in Zukunft nicht mehr möglich sein, dass man die ‚Dinge oben ausknobelt' und dafür sorgt, dass alle anderen den Anweisungen des großen Strategen folgen. Die Spitzenorganisationen werden sich dadurch auszeichnen, dass sie wissen, wie man das Engagement und das Lernpotenzial auf allen Ebenen einer Organisation erschließt." (ManagerSeminare 2015, S. 39)

Peter Senges Idee der lernenden Organisation hat eine ganze Generation von Change-Beratern, Trainern und Managern inspiriert. Den Weg in die Köpfe der CEOs und Top-Führungskräfte hat sie dagegen selten geschafft. Warum nicht? „Kluge Bildung kommt gegen die Steuerungssysteme Macht und Geld nie an", glaubt Thomas Sattelberger und verweist noch einmal auf die Shareholder-Value-Philosophie der neunziger Jahre:

„Die Steuerungslogik eines börsennotierten Unternehmens, das top down geführt wird, ist geradezu kontradiktorisch zu einem Ansatz, der auf Veränderung durch Lernen setzt." (ManagerSeminare 2015, S. 42)

Thomas Sattelberger beschreibt die Genese der Idee der lernenden Organisation mit einem Schuss Sarkasmus:

„Die Unintelligenz der Personaler hat aus Lernen Training gemacht, die Exekutionslogik der Unternehmensspitzen hat aus Lernen Schulung gemacht." (ManagerSeminare 2015, S. 42)

… und sie verändern sich doch
Selbst dieser kurze und unvollständige Rückblick auf die Ansätze der Organisationsveränderung in der Vergangenheit zeigt die Beständigkeit der traditionellen Hierarchie in den Unternehmen, die oft nur partiell oder geringfügig aufgeweicht worden ist. Das ändert sich.

In der Gegenwart vollzieht sich nun ein Wandel in Führung und Organisation, der sich gar nicht anders denn als Paradigmenwechsel beschreiben lässt. Unternehmen verabschieden sich von lange gültigen Organigrammen. Führungskräfte verlagern mehr und mehr Entscheidungs- und Gestaltungskompetenz in die Teams. Zudem öffnen sich die Unternehmen und lassen Kunden und Lieferanten an der Produktion teilhaben. Lang gehütetes Firmenwissen wie zum Beispiel Patente verliert an strategischem Wert und wird geteilt. Statt auf fest geregelte Arbeitszeiten und Anwesenheitspflicht setzen die Unternehmen wie die Führungskräfte auf Home Offices, virtuelle Teamarbeit und Arbeitszeitkonten bei freier und selbstverantwortlicher Zeiteinteilung. Statussymbole wie Büroausstattung oder Firmenparkplätze verlieren ihre Aussagekraft und werden abgeschafft. All diese Entwicklungen sind zu mächtig und zu wirksam, als dass die Systemabwehr sie in Schach halten könnte.

Nicht nur die Wucht und die Allgegenwärtigkeit der Veränderungsansätze sind auffällig, sondern auch die Akteure, die diese Veränderungen vorantreiben. Oft sind es nicht die Berater, Forscher, Trainer oder Interessensvertreter, die sich für einen Wandel der Organisationsform stark machen, sondern die Führungskräfte selbst. Der Wille zur Organisationsveränderung und ein neuer Blick auf Aufgaben und Möglichkeiten einer Führungskraft stützen und verstärken sich gegenseitig. Deshalb werden sich die hierarchischen Organisationen in großen und in kleinen Unternehmen verändern.

Neue Organisationsformen als Antwort auf den Hyperwettbewerb

Führungskräfte verabschieden sich von traditionellen Organisationsmustern und Führungsprinzipien, weil sie anders keine Möglichkeit mehr sehen, im Hyperwettbewerb des 21. Jahrhunderts zu bestehen. Die Unternehmen müssen schneller, kreativer und effizienter sein und sind auf mitdenkende, kreative Mitarbeiterinnen und Mitarbeiter angewiesen. Diese sind für sie ebenso schwer zu finden wie zu binden.

Die Suche nach neuen Organisationsformen ist eine direkte Folge der Globalisierung und des daraus resultierenden Wettbewerbsdrucks. Im gesteigerten Wettbewerb setzen die Unternehmen auf immer kürzere Produktzyklen und versuchen immer öfter und schneller mit Neuheiten beim Verbraucher zu punkten – man denke nur an den schnellen Wechsel der Mode- und Autokollektionen oder der Handymodelle.

Die Unternehmen stehen unter einem immensen Innovations- und Effizienzdruck: Immer mehr muss in immer kürzerer Zeit produziert werden. Mit fatalen Folgen für Mensch und Gesellschaft. Der Soziologe Hartmut Rosa stellt fest, dass die Beschleunigung in allen Bereichen des Alltags auch gesamtgesellschaftlich zu einer rasanten Veränderung von Werten, Lebensstilen und Beziehungen geführt hat. Das ist ein sich selbst potenzierendes Problem:

> „Mehr noch, ein problematisches Weltverhältnis ist nicht nur *die Folge* der Beschleunigung beziehungsweise des Steigerungszwangs moderner Gesellschaften, sondern zugleich auch deren Ursache, so dass wir es mit einem sich selbst verstärkenden Problemzirkel zu tun haben." (Rosa 2016, S. 14)

In der beschleunigten und vom Hyperwettbewerb geprägten Wirtschaftswelt wird Überforderung für Führungskräfte zum Normalzustand, sagt Ayad Al-Ani:

„Das, was man früher als Krisenmanagement bezeichnet hat, wird zum Tagesgeschäft des Managements."

Der ewige Konflikt zwischen Individuum und Organisation nimmt neue Dimensionen an

Diese Entwicklung hat seit dem Beginn des 21. Jahrhunderts dazu geführt, dass der Konflikt zwischen Individuum und Organisation bisher unbekannte Ausmaße angenommen hat: Einerseits müssen die Unternehmen ihre Abläufe so effizient und strukturiert wie möglich ausrichten, womit dem Individuum wenig Freiraum für Kreativität und eigenständiges Arbeiten bleibt. Andererseits sind die Unternehmen mehr und mehr auf Ideen und Lösungen der Mitarbeiter angewiesen. Im Zuge der auf maximale Effizienz ausgerichteten Produktion und Fertigung benötigen sie ihren Einsatz, ihre Improvisation und ihr Engagement. Ein ständiger Widerspruch, wie Ayad Al-Ani feststellt:

> „Einerseits muss das Individuum getreu dem Dogma der Industriellen Revolution immer noch gesteuert und reguliert werden. Auf der anderen Seite will man, dass das Individuum sich einbringt und Probleme löst, die die formelle Organisation von alleine nicht immer vorhersehen und deswegen auch nicht immer lösen kann. Dieser Widerspruch ist nicht wirklich auflösbar."

Diesen Konflikt hat es immer schon gegeben, ist Al-Ani überzeugt. Die Unternehmen haben ihn bisher allerdings nicht gebührend zur Kenntnis genommen. Das rächt sich nun in Zeiten des Hyperwettbewerbs, wenn ihnen die globale Konkurrenz und neue Mitbewerber aus anderen Bereichen extrem kurze Innovationszyklen aufzwingen.

Digitalisierung ändert alles

Die Globalisierung und der steigende Wettbewerbsdruck zwingt die Unternehmen, mehr Befugnisse und Entscheidungen dem Einzelnen zu überlassen. Der technologische Fortschritt, der diese Schritte bedingt, macht den Wandel zugleich auch einfacher. Er liefert die Infrastruktur in Form von Soft- und Hardware, Weblösungen und Social Media, die mobiles Arbeiten, virtuelle Meetings und vieles mehr ermöglichen.

> „Es ist unbestritten, dass der digitale Wandel alle Lebens-, Gesellschafts- und Wirtschaftsbereiche erfasst und die immer stärker werdende Vernetzung bestehender Geschäftsmodelle ablöst. Dadurch werden vorhandene Strukturen nachhaltig verändert." (Bundeskanzleramt Österreich 2016)

So bringt es die „Digital Roadmap Austria" auf den Punkt. Das Kunstwort Digitalisierung deckt immer mehrere Aspekte gleichzeitig ab. Rein technisch gesehen versteht man unter Digitalisierung den Trend, immer mehr Informationen digital zu speichern und immer mehr Prozesse und Lebensbereiche durch digitale Datenverarbeitung zu bestimmen. Darüber hinaus beschreibt Digitalisierung in einem umfassenderen Sinne auch den Transferprozess, der durch die technologische Entwicklung vorangetrieben wird: Veränderung von Leben und Arbeit, Wirtschaft und Gesellschaft.

Digitalisierung betrifft mehr als Technik

Viele Unternehmen denken beim Stichwort Digitalisierung vor allem an den technischen Aspekt. Nicht ohne Grund. Zum Beispiel ändern intelligente Software und moderne Steuerung die Spielregeln im Maschinenbau. Unter dem Schlagwort Industrie 4.0 verzahnt sich die Produktion mit modernster Informations- und Kommunikationstechnik. Das ermöglicht maßgeschneiderte Produkte nach individuellen Kundenwünschen, kostengünstig und in hoher Qualität.

Digitalisierung hat aber immer auch eine gänzlich nicht technische Dimension: die Art und Weise, wie Menschen miteinander kommunizieren, kooperieren und sich gegenseitig vertrauen. So entdecken zum Beispiel die Banken mit ihren Omnikanal-Vertriebsstrategien, dass digitale Lösungen zwar unentbehrlich sind. Technik allein aber öffnet nur bedingt die Wege zum Kunden. Mindestens ebenso grundlegend sind Kontakt, Relevanz und Vertrauen.

Soziale Digitalisierung

Für den Soziologen Armin Nassehi bedeutet Digitalisierung keineswegs nur, dass digitale Informationstechniken die Gesellschaft verändern. Vielmehr erscheint ihm unsere Gesellschaft inzwischen selbst als digitalisiert. Deshalb spricht er von sozialer Digitalisierung:

> „Digitale Verknüpfungsroutinen legen sich wie ein Netzwerk über die Routinen der Gesellschaft – und das gilt ebenso für soziale Digitalisierung im Sinne des Unübersichtlich-Werdens sozialer Wechselwirkungsprozesse wie für die technische Digitalisierung als Form der Selbst- und Fremdkontrolle von Prozessen." (Nassehi 2015, S. 178)

Die Digitalisierung bringt unsere Routinen und Sicherheiten durcheinander, weil unsere analogen Bilder im Kopf und unsere Vorstellungen nicht mehr mit der komplexen Welt im Einklang stehen.

Beispiel Onlineeinkauf: Oft weiß der Kunde gar nicht, bei welchem Händler er bestellt und wie er sich den Händler überhaupt vorzustellen hat. Unternehmen können sich ihre Kundinnen und Kunden immer schwerer vorstellen. Sie können überall ansässig und mit den verschiedensten Personen verbunden sein. Die Informationstechnologie liefert dafür Daten und Informationen, aber keine Bilder. Die Welt ist zu komplex, um sie einfach beschreiben zu können. Diese Zunahme an Komplexität erleben Führungskräfte unmittelbar. Nicht nur die Welt der Kunden, der Fertigung und der Logistik ist komplex und für den Einzelnen oft gar nicht mehr durchschaubar. Auch die Innenwelt des Unternehmens, die sich auf diese komplexen Wirklichkeiten einzustellen versucht. Das macht Führung in den Augen Ayad Al-Anis nahezu unmöglich:

„Klassische Führung müsste eigentlich überholt sein, weil die Führungskräfte ja rein inhaltlich gar nicht mehr verstehen, was ihre Mitarbeiter machen. Sie haben oft gar auch nicht mehr Informationen als die entsprechenden Mitarbeiter, die sich die Informationen einfach selbst besorgen. Sie sind auch nicht wahnsinnig klüger. Ihnen fehlen zudem die Foresight-Instrumente."

Command-and-Control-Denken hilft nicht mehr weiter
Die Komplexität steigt, der Handlungsdruck auch, die Übersicht nimmt ab. Die Anforderungen an Führungskräfte werden immer extremer. Gleichzeitig erkennen viele, dass das Denken der tayloristischen Schule ihnen nicht mehr weiterhilft. Ein Unternehmen lässt sich nicht als Maschine beschreiben und erst recht nicht betreiben.

Immer mehr Führungskräfte erkennen, dass es nicht damit getan ist, im echten oder übertragenen Sinne an ein paar Schrauben zu drehen, um ein gewünschtes Ergebnis zu erzielen. Deshalb stellen sie viele Strukturen, die mit linearem Denken nach dem Ursache-Wirkungs-Prinzip entstanden sind, auf den Prüfstand. Das beginnt bei Performance-Management- und Incentive-Systemen und betrifft ebenso das Reporting- und Compliance-Management, die oft noch auf dem alten Prinzip des Command and Control basieren.

Einmal damit angefangen, hinterfragen Führungskräfte dann auch die eigene Position, den eigenen Einfluss und die Möglichkeiten für Führung in einer komplexen Welt. Sie erkennen, dass sie ihre Mitarbeiterinnen und Mitarbeiter einfach mal machen lassen müssen. Dazu müssen sie Vernetzung fördern, offen sein und Offenheit zulassen und vor allem auch den Rahmen setzen. Das erfordert von ihnen vor allem Vertrauen in ihre Mitarbeiterinnen und Mitarbeiter, ihre Kompetenzen und Motivation. Um es in einem Satz zu sagen: Erfolgreiche Digitalisierung bedeutet, von einer Macht- in eine Vertrauenskultur zu wechseln.

Start-ups als Frischzellenkur für Traditionsunternehmen
Viele Unternehmen reagieren, sobald sie das Phänomen der Digitalisierung erkennen, schnell mit Erweiterungen ihres Portfolios durch Zukäufe und Kooperationen mit Start-ups, die eine digitale Alternative oder Ergänzung zu ihrem Kerngeschäft bilden. Zunächst blicken die Konzerne bei der Akquise von Übernahmekandidaten hauptsächlich auf Produkte und Technologie. Mehr und mehr rücken aber die Organisation und die Kultur der Unternehmen ins Visier: Wie organisieren sich die Teams in Start-ups? Wie treffen sie Entscheidungen? Wie treten sie in Kontakt zum Kunden? Ganz unverblümt sprechen Konzernlenker davon, dass sie sich durch die Akquise von jungen Unternehmen so etwas wie eine Frischzellenkur für die eigene Unternehmenskultur erwarten.

Lernreisen ins Silicon Valley
Andere versuchen, die Digitalisierung durch die Einstellung eines Chief Digital Officers voranzutreiben. Dieser CDO soll alle digitalen Themen im Unternehmen bündeln und verantworten. Auch die obligate Reise ins Silicon Valley, das mittlerweile schon so etwas wie der Ballermann der Digitalisierung für deutsche und österreichische Manager geworden ist, steht für viele Vorstände und Geschäftsführer auf dem Programm.

Diese Learning Journeys haben immer öfter größere Ziele als das oberflächliche „Downloaden" von Produkt- und Marketingstrategien. Viele Führungskräfte nutzen die Reise für tiefgreifende Fragen und schonungsloses Infragestellen alter Vorstellungen von Führung. Das verlangt von Führungskräften eine besondere Qualität der Aufmerksamkeit, des Zuhörens und des Beobachtens. Deshalb beginnt für viele Führungskräfte der digitale Wandel mit einer grundlegenden Inventur der eigenen Kompetenzen und Aufgaben.

Führungsaufgaben neu definieren
Den wichtigsten Schritt nach vorn machen Führungskräfte mit der Neudefinition ihrer Führungsaufgaben, der Förderung von Selbstorganisation und dem gemeinsamen Arbeiten mit Mitgliedern ihres Teams auf Augenhöhe. Diese Neudefinition der Führungsaufgaben mündet automatisch in die Überprüfung des Unternehmenszweckes und die Ableitung der passenden Strukturen und Prozesse.

Dieser Check-up für Führung und Organisation scheint vielen Führungskräften vor allem deshalb ratsam, weil er den Erwartungen der Digital Natives und der Generation Y entspricht; jenen Nachwuchskräften, zwischen 1980 und 1999 geboren, die nun in die Unternehmen und auch schon in erste Führungspositionen kommen: zumeist gut ausgebildet, oft technik-affin. Und vor allem mit einem Führungs-

und Arbeitsverständnis, das keine zwangsläufige Legitimation von Hierarchie und Autoritäten akzeptiert.

Erwartungen der Generation Y an die Arbeitswelt

Begriffe, die eine gesamte Generation von Menschen beschreiben sollen, können ihrem Thema gar nicht gerecht werden. Deshalb streiten Soziologen, Publizisten, Personaler und Führungskräfte, was die Generation Y auszeichnet. Auch die Angehörigen dieser Generation kommen bei der Selbstbetrachtung zu unterschiedlichen Schlüssen. Wir denken, dass die ZEIT-Journalistin Kerstin Bund, selbst Mitglied der Generation Y, recht gut beschreibt, was junge Beschäftigte von der Arbeitswelt erwarten:

> „Harte Anreize wie Gehalt, Boni und Aktienpakete treiben uns weniger an als die Aussicht auf eine Arbeit, die Freude macht und einen Sinn stiftet. Sinn zählt für uns mehr als Status. Glück schlägt Geld." (Bund 2014)

Die Führungskräfte benötigen die Generation Y, wenn sie in einer immer komplexeren Welt bestehen wollen. Sie brauchen sie anders, als die Vorgängergeneration der Führungskräfte ihre Mitarbeiterinnen und Mitarbeiter gebraucht hat. Sie brauchen mehr Problemlösungen, mehr Eigeninitiative und mehr technologisches Know-how. Dementsprechend gehen die Chefs auf die neue Generation zu. Beide Seiten wissen nur zu gut, dass die Jungen einen unschlagbaren Vorteil auf ihrer Seite haben, wie Kerstin Bund selbstbewusst ausführt:

> „Was uns von älteren Arbeitnehmern unterscheidet, ist, dass wir einen Trumpf in der Hand halten, der unseren Eltern und Großeltern vorenthalten war. Es ist der Trumpf der Demografie, die Macht der Knappheit in einem Land, dem allmählich die Fachkräfte ausgehen." (Bund 2014)

Bislang kamen Veränderungen in Unternehmen meist von oben. „Wir können nun erstmals von unten Druck machen", ist Bund überzeugt:

> „Denn meine Generation profitiert von ihrer geringen Zahl." (Bund 2014)

Zunächst haben die Unternehmen versucht, mit intensivem Marketing und Employer-Branding dem Fachkräftemangel entgegenzuwirken und die Generation Y besonders anzuziehen. Mehr und mehr erkennen sie, dass Anstrengungen in PR und Außendarstellungen nicht ausreichen, wenn Organisation und Strukturen unverändert bleiben.

Die junge Generation fordert vor allem eins – Herrin oder Herr über die eigene Zeit zu sein:

„Was uns nicht einleuchtet, ist, warum wir nur an einem bestimmten Ort zu einer festgelegten Zeit arbeiten sollten. Eine an Ort und Zeit gebundene Arbeit ist ein Relikt aus der Industriegesellschaft, als es noch eine klare Trennung zwischen Beruf und Freizeit gab." (Bund 2014)

Schon allein mit dieser Forderung stellt die Generation Y eingefahrene und über Jahrzehnte gepflegte Arbeitsabläufe und Strukturen infrage und erkämpft mehr Autonomie für die Beschäftigten.

Aber nicht nur das. Sie bringt selbst ein neues Führungsverständnis in die Arbeitswelt, auf das etablierte Führungskräfte reagieren müssen:

„Junge Leute wollen heute zwar Verantwortung übernehmen, aber nicht mehr unbedingt führen. Viele sind an der Sache interessiert, aber nicht so sehr an der Macht. Sie wollen sich weiterhin als Experten in eine Materie vertiefen können, statt als Manager nur noch in Meetings zu sitzen." (Bund 2014)

Dieses Denken und diese Ansprüche verändern nicht nur die Karrierewege in Unternehmen. Sie fordern Führungskräfte täglich heraus und beschleunigen den Umbau der Organisationen.

Noch wenig Selbstorganisation in Verwaltung, Wissenschaft und Kultur
Globalisierung, Digitalisierung und die neuen Vorstellungen von Arbeit und Führung der Generation Y erzeugen einen immensen Veränderungsdruck auf Organisationen und auf die Führungskräfte. Es fällt schwer, sich diesem Paradigmenwechsel gänzlich zu entziehen. Allerdings heißt das nicht, dass er sich auf allen Ebenen der Gesellschaft und in allen Bereichen der Wirtschaft in gleichem Tempo und in gleichem Umfang durchsetzt. In Wirtschaftsunternehmen vollzieht sich die Transformation anders als in der staatlichen Verwaltung. Auch Wissenschaft, Lehre und Kultur sind durch ihre jeweils eigene Organisationsgeschichte geprägt. Dementsprechend zeigen sich hier andere Ausprägungen und Fortschritte auf dem Weg zur Selbstorganisation. Und eigene Formen der Systemabwehr.

Der Autor, Psychologe und Pädagoge Mark Terkessidis hat ein Buch über Kollaboration geschrieben und befasst sich darin mit neuen Formen des Zusammenarbeitens. Er sieht in unserer Gesellschaft immer mehr interessante Ideen der Selbstorganisation, die es ermöglichen, dass viele Stimmen gehört werden und unterschiedliche Menschen zusammenarbeiten. Gleichzeitig gibt es immer noch Bereiche, die erstaunlich hierarchisch und mit klassischen Command-and-Control-Strukturen geführt werden. Bereiche, in denen man es auf den ersten Blick gar nicht erwartet, weil die Prozesse und Ergebnisse ein Höchstmaß an Kreativität, Zusammenarbeit und Diversität verlangen. Zum Beispiel werden Museen und Theater in unserer Gesellschaft oft noch sehr klassisch und autoritär geführt. Im Gespräch mit uns erläutert Mark Terkessidis, dass Museen sich vor allem deshalb mit Innovationen und mit Veränderung ihrer eigenen Organisationskultur schwertun, weil sie ihrer Rechtsform nach zumeist Behörden sind:

> „Museen sind tatsächlich Behörden. Innovationen sind für sie schwierig, weil sie als Behörden keine Anreizsysteme zur Verfügung stellen können. Es gibt auch keine Fehlerkultur. Das System setzt eher auf Fehlervermeidung."

Auch in vielen Theatern entdeckt man erstaunlich starke Hierarchien und Kontrollsysteme. So manifestiert sich für Terkessidis in den Intendanzen oft eine „nahezu diktatorische Hierarchie", die eigentlich gar nicht legitimiert ist:

> „In diesen traditionellen Strukturen wird wenig darüber nachgedacht, wie man Abläufe produktiver gestalten könnte. Das zeigt sich im Festhalten an unendlichen Anwesenheitszeiten. Oder in Sitzungen, die sich über Stunden hinziehen. Dafür, dass viele Menschen in der Theaterwelt denken und hoffen, bei der Ausübung ihres Berufes große Freiheiten zu haben, ist die reale Organisation dieser Einrichtungen oft extrem traditionell ausgerichtet."

Die Gefahr der Reservate: Veränderungen werden additiv vollzogen
Natürlich finden sich diese Symptome nicht nur in Theatern, Kulturbetrieben oder Behörden. Lange Meetings und Leistungsdefinition nach Anwesenheit statt Ergebnis dürften auch vielen Mitarbeiterinnen und Mitarbeitern aus Wirtschaftsunternehmen bekannt sein. Interessant ist der Hinweis von Mark Terkessidis, dass es auch im Kulturbereich in den sechziger und siebziger Jahren zahlreiche Versuche zur Organisationsveränderung gegeben hat. Unter dem Stichwort Soziokultur war es das Ziel der Veränderer, mehr Menschen in den Kulturprozess einzubeziehen. Nicht wirklich mit Erfolg, wie Terkessidis rückblickend resümiert:

> „Damals wurden viele sozio-kulturelle Zentren gebildet und Fördertöpfe geschaffen, mit denen man diese Szene gleichsam befriedigt und ruhig gestellt hat. Die traditionellen Strukturen ließ man aber unangetastet."

Eine klassische Form der Systemabwehr. Mark Terkessidis ist sich sicher, dass dieses Phänomen keineswegs nur im Kulturbereich zu beobachten ist:

„Veränderungen werden oft additiv vollzogen. Das ist ein ganz großes Problem. Treten Veränderungsansprüche auf, werden diese einfach addiert. Mit schlimmen Folgen. So hat zum Beispiel das traditionelle Kulturestablishment die neuen Ansprüche und Ansätze abgewertet, indem man für sie Reservate geschafft hat, ohne die Reformvorschläge implementieren zu müssen."

Auch diese Gefahr der Systemabwehr durch additive Veränderungen ist keineswegs auf den Kulturbereich beschränkt. Nicht von ungefähr wird die Schaffung der Position des Chief Digital Officers (CDO) in vielen Unternehmen heftig diskutiert. Die einen erhoffen sich durch den CDO neue Impulse für das Unternehmen. Andere sehen die Gefahr, dass mit dieser Positionierung eines neuen Feldes im Diagramm alle Initiativen und Innovationen für und durch Digitalisierung einfach ausgelagert und letztlich ausgebremst werden.

Die Folgen von Globalisierung und Digitalisierung lassen sich aber auf lange Sicht nicht ausbremsen. Ebenso wenig die Veränderungen, die die Anforderungen der Generation Y an die Arbeitswelt, an die Organisationen und an das Selbstverständnis der Führungskräfte mit sich bringen.

Brauchen wir Chefs überhaupt noch?

Wenn Führungskräfte, Berater und Wissenschaftler wissen möchten, wie Unternehmen auf die Herausforderungen durch Digitalisierung, Globalisierung und die neuen Ansprüche der Generation Y reagieren können, schauen sie oft auf Google. Wie kein anderes Unternehmen scheint Google sowohl für die Produkte als auch für die Arbeitsweise und für die Organisationsform im 21. Jahrhundert zu stehen.

Für Frank Kohl-Boas, Head of HR Northwest, Central und Eastern Europe, zeichnet sich Googles Unternehmenskultur vor allem durch eine mitarbeiterzentrierte Philosophie aus, die schon in den Anfängen in den Kernwerten des Unternehmens verankert wurde. Er verweist auf den Brief zum Börsengang aus dem Jahr 2004:

„Google is organized around the ability to attract and leverage the talent of exceptional technologists and business people. We have been lucky to recruit many creative, principled and hard working stars. We hope to recruit many more in the future. We will reward and treat them well … Our main benefit is a workplace with important projects, where employees can contribute and grow. We are focused on providing an environment where talented, hard working people are rewarded for their contributions to Google and for making the world a better place ..." (Page und Brin 2004)

Vielleicht ist diese mitarbeiterzentrierte Philosophie bei Google stärker ausgeprägt als in anderen Unternehmen. Das heißt nicht, dass Google heute – als Konzern mit über 65.000 Mitarbeitern weltweit – nicht Strukturen bräuchte, um handlungsfähig zu sein. „Dazu gehören auch Hierarchien", betont Frank Kohl-Boas. Und: Dazu gehören auch Führungskräfte. Das war für Google keineswegs selbstverständlich. In den Anfangszeiten versuchten die Gründer Larry Page und Sergey Brin, mit flachen Hierarchien und vielleicht auch ohne Führungskräfte auszukommen. Allerdings wuchs Google bekanntlich rasant, entsprechend wuchs auch die Komplexität. „Wozu braucht man Führungskräfte?" Oder: „Braucht man Führungskräfte überhaupt?" Diese Fragen stellte man sich bei Google keineswegs mit provozierender Absicht, sondern eher mit analytischer und empirischer Neugierde: Was zeichnet einen guten Chef aus, und worin unterscheidet er sich von einem schlechten? Eine weitere Frage bewegte Google in eben diesem Maße: Wie lassen sich hochqualifizierte Informatiker und Ingenieure davon überzeugen, dass es ohne Führung nicht geht?

Wie die Luft zum Atmen: Projekt Oxygen
Antworten darauf gab sich Google in einer konzertierten Aktion. Der Name des Projektes „Oxygen" beantwortete sofort die Frage, ob Führung gebraucht wird: wie die Luft zum Atmen.

Im großen Stil hat Google im „Projekt Oxygen" interne Daten ausgewertet: Jahresgespräche, Trennungsgespräche, 360-Grad-Feedbacks und vieles mehr – immer mit der Fragestellung, was eine gute Führungskraft ausmacht. So ermittelte das Projektteam acht Eigenschaften einer guten Führungskraft. Die Ergebnisse waren nicht unbedingt überraschend: Soziale Kompetenzen wurden von Vorgesetzten wie von ihren Mitarbeitern als weitaus wichtiger eingestuft als technisches Wissen. Auf Platz eins stand „Ein guter Coach sein", auf zwei „Das Team stärken, ohne zu kleinstrukturiert zu managen" und auf drei „Interesse äußern am Erfolg und Wohl des Mitarbeiterteams" (Garvin et al. 2013).

Diese Ergebnisse stellen traditionelle Vorstellungen und Bilder von Führung nicht infrage. Im Gegenteil. Gerade darin liegt die große Aussagekraft der „Oxygen"-Ergebnisse: Ein Unternehmen, das mitarbeiterzentrierte Werte für sich in Anspruch nimmt und auf flache Hierarchien setzen will, stellt Führung ergebnisoffen infrage. Dann kommt es zum Ergebnis: Ja, Führung macht einen Unterschied. Und Führung wird gebraucht. Auch in einem Unternehmen, das wie kein zweites für Digitalisierung, Innovation und Mitarbeiter der Generation Y steht.

Ein „Weiter so" kann es nicht geben
Die Führungskräfte, mit denen wir für dieses Buch gesprochen haben, sind von den Folgen der Digitalisierung unterschiedlich stark getroffen und gefährdet. Sie spüren unterschiedlich großen Handlungsdruck und sehen sich eigenen individuellen Handlungszwängen unterworfen. Einig sind sich alle: Ein „Weiter so" kann es nicht

geben. Führung und Organisation müssen sich verändern, um auf die veränderten Rahmenbedingungen zu reagieren. Dazu bedarf es starker Führung. Die Frage, ob es Führung angesichts des Trends zur Selbstorganisation überhaupt noch geben wird oder geben sollte, stellt sich den Führungskräften nicht. Stattdessen versuchen sie zu verstehen, wie sich Führung in neuen Organisationsformen gestalten lässt und welche Aufgaben neu auf sie zukommen. Eins steht fest: Langweilig wird Führung ganz gewiss nicht.

Zusammengefasst

Der Paradigmenwechsel in Führung und Organisation ist unübersehbar
Globalisierung und zunehmender Wettbewerb verstärken den Konflikt zwischen Individuum und Organisation. Die neuen Generationen Y und Z treten mit neuen Vorstellungen und Ansprüchen in die Arbeitswelt ein. Die soziale Digitalisierung macht unsere Welt unübersichtlicher und komplexer. Umso mehr sind Führungskräfte darauf angewiesen, Mitarbeiterinnen und Mitarbeiter stärker als früher in Entscheidungen einzubeziehen und ihnen Autonomie zu verschaffen.
Deshalb müssen sich Führungskräfte die Arbeit an der Organisation zur Hauptaufgabe machen. Die Arbeit beginnt beim eigenen Ich: mit einer grundlegenden Inventur der eigenen Kompetenzen und Aufgaben.

Fragen Sie sich selbst:
▶ Welche Phänomene der Systemabwehr beobachten Sie in Ihrem Unternehmen?
▶ Welches Abwehrverhalten nehmen Sie wahr: Starke Alte? Listige Alte? Um ihr Prestige fürchtende Autoritäten? Wissenschaftsgläubige? Jüngere, die Älteren Inkompetenz nachweisen wollen? Wie können Sie diese Personen abholen, mitnehmen und vom Veränderungsbedarf für Führung und Organisation überzeugen?
▶ Können Sie in Ihrem Unternehmen Ausprägungen der additiven Veränderung wahrnehmen? Ausgelagerte Projekte mit Nice-To-Have-Charakter, die aufgrund ihrer Folgenlosigkeit den eigenen Wandlungsprozess abwerten?
▶ Wie oft nehmen Sie sich Zeit, um Ihre Führungsaufgaben in Ruhe zu priorisieren und mit Ihrer Zeit und mit Ihren Ressourcen abzugleichen?
▶ Wer ist für Digitalisierung in Ihrem Unternehmen verantwortlich?
▶ Bezieht sich die Digitalisierungsstrategie Ihres Unternehmens nur auf Technik? Oder enthält sie auch Aussagen zu Beziehungen, Arbeitsverhältnissen, Organisation und Kultur?

Literatur

Bund, Kerstin (2014), „Generation Y: Wir sind jung … und brauchen das Glück", DIE ZEIT Nr. 10/2014, http://www.zeit.de/2014/10/generation-y-glueck-geld, zuletzt zugegriffen am 22.07.2016.

Bundeskanzleramt Österreich und Bundesministerium für Wissenschaft, Forschung und Wirtschaft (2016), Digital Roadmap Austria, https://www.digitalroadmap.gv.at/sites/all/themes/cbased/digitalroadmap_Diskussionspapier.pdf, zuletzt zugegriffen am 22.07.2016.

Garvin, David. A.; Wagonfeld, Alison Berkley; Kind, Liz (2013), Do managers matter?, in: Harvard Business Review, October 2013.

Heintel, Peter; Krainz Ewald E. (1998), Projektmanagement. Eine Antwort auf die Hierarchiekrise?, Gabler Verlag, Wiesbaden 1988.

Kuhn, Thomas S. (1973), Die Struktur wissenschaftlicher Revolutionen, Suhrkamp Verlag, Frankfurt am Main 1973 (Originalausgabe: The Structure of Scientific Revolutions 1962).

Linke, Lars-Peter (2015), Die Fünfte Disziplin wird 25, in: ManagerSeminare, Heft 211, Oktober 2015.

Nassehi, Armin (2015), Die letzte Stunde der Wahrheit. Warum rechts und links keine Alternativen mehr sind und unsere Gesellschaft ganz anders beschrieben werden muss, Murmann-Verlag, Hamburg 2015.

Page, Larry; Brin, Sergey (2004), "An Owner's Manual" for Google's Shareholders, Alphabet Investor Relations, https://abc.xyz/investor/founders-letters/2004/ipo-letter.html, zuletzt zugegriffen am 22.07.2016.

Rosa, Hartmut (2016), Resonanz. Eine Soziologie der Weltbeziehung, Suhrkamp Verlag, Berlin 2016.

Tabak, Steve (2016), Why We Still Need Bosses, fortune.com http://fortune.com/2016/06/24/why-we-still-need-bosses/, zuletzt zugegriffen am 11.07.2016.

William, Evan (2016), Holacracy is a- system based on a set of principles medium.com, medium.com, https://medium.com/@ev/holacracy-is-a-system-based-on-a-set-of-principles-34b7a43aa9b4#.5bysv665m, zuletzt zugegriffen am 11.07.2016.

Nicht weniger, aber anders:

Neue Führung für neue Organisationsformen

„Einerseits bin ich nach wie vor der traditionell respektierte CEO.
So wie früher auch. Aber ich merke natürlich, dass ich die Mitarbeiter anders
mitnehmen muss als früher. Das heißt eben auch für mich: Übergang."
Gisbert Rühl

Gut eine Stunde dauert das Gespräch mit Gisbert Rühl bereits. Unser Kaffee in den Tassen ist kalt, weil wir vor Spannung vergessen zu trinken. Gisbert Rühl gibt bereitwillig Auskunft, wie er den Stahlriesen Klöckner in die digitale Zukunft führen will. Wie im Zuge der Umstrukturierung Mitarbeiter abgebaut worden sind. Wie das Thema Digitalisierung im ersten Anlauf gar nicht zünden wollte. Wie ihm schlussendlich eine „Learning Journey" ins Silicon Valley Elan und Schubkraft gegeben hat, um Innovationen im Konzern zu initiieren und umzusetzen.

Wenn er von der Start-up-Kultur Berlins schwärmt und seinen Plan beschreibt, mit dem jungen Tochterunternehmen kloeckner.i die agile Start-up-Kultur auf den Mutterkonzern zu übertragen, merkt man ihm mit jeder Silbe an, wie sehr ihn das Thema fasziniert. Die Begeisterung ist ungeschminkt, Gisbert Rühl glaubt aus tiefster Überzeugung an die Digitalisierung des Stahlriesen, der nach Rekordverlusten einen gigantischen Rotstift ansetzen musste und ein rigoroses Sparprogramm umsetzt. Hier das Tüfteln an der digitalen Plattform, dort Standortschließungen und ein Personalabbau, der auch vor Top-Managern des Klöckner-Konzerns nicht Halt macht.

Führung im Übergang

Ein immenses Pensum, das Gisbert Rühl hinter sich und vor sich hat. Aber man spürt mit jedem Satz: Hier sitzt jemand, der sich dieser Herausforderung entschlossen stellt und eine klare Vorstellung davon hat, wie sich sein Unternehmen verändern muss. Dann stellen wir die Frage nach seinem Führungsverständnis – und sehen Gisbert Rühl in diesem Gespräch das erste Mal innehalten. Fast so, als ob er mit dieser Frage nicht gerechnet hätte. Er atmet tief durch:

„Also, ich sage Ihnen ganz ehrlich: Ich mache mir keine großen Gedanken darüber, wie ich führe."

Genauso ehrlich denken wir uns innerlich, dass das eine Art Understatement sein muss. Dazu ist Rühls Vorgehen zu strategisch, seine Analyse der Unternehmenskultur viel zu feinfühlig und sein Vorhaben, Klöckner völlig neu zu erfinden, viel zu ambitioniert. „Ich mache das alles intuitiv", sagt Rühl – und kassiert das kühne Statement gleich wieder:

> „Natürlich bin ich mir völlig bewusst, welchen Spagat ich hier vollziehe. Einerseits bin ich nach wie vor der traditionell respektierte CEO. So wie früher auch. Aber ich merke natürlich, dass ich die Mitarbeiter anders mitnehmen muss als früher. Das heißt eben auch für mich: Übergang."

Will sagen: Um den digitalen Wandel des Konzerns zum Erfolg zu führen, muss Gisbert Rühl sich selbst dem Wandel stellen und sich öffnen. Das tut er auf seine Art. Er entdeckt das Kommunikationstool Yammer, um schnell und direkt mit allen Mitarbeitern zu kommunizieren (siehe ► Abschn. 2.2.8). Er öffnet sein Chefbüro, das nun jeder während seiner Abwesenheit als Besprechungsraum nutzen kann. Er ist viel unterwegs und redet mit seinen Kunden, den Geschäftsführern von Unternehmen, die das Rückgrat der deutschen Wirtschaft sind: KMUs in der Bauindustrie und im Maschinen- und Anlagenbau.

Keine Heldengeschichten erzählen

Das alles ist Führung. Gisbert Rühl muss seine gesamte Persönlichkeit in die Waagschale werfen, um den gewünschten Wandel immer wieder anzustoßen. Umso mehr ist uns aufgefallen, wie wenig Gisbert Rühl über sich selbst, über seinen ganz persönlichen Anteil an Erfolgen, seine Entscheidungen und seine persönlichen Kompetenzen spricht. Wahrscheinlich widerstrebt ihm die Stilisierung von Führungskräften als einsame Helden ebenso wie die Festlegung auf bestimmte Persönlichkeitsmerkmale einer guten Führungskraft.

Führung stellt sich selbst infrage

So wie Gisbert Rühl geht es vielen der Führungskräfte, die wir für dieses Buch befragt haben: Ja, sie alle bestreiten nicht, dass sie Führungskräfte sind. Sie betonen, wie sehr sich Führungskräfte mit all ihrer Persönlichkeit einbringen müssen, um Mitarbeiterinnen und Mitarbeiter mitzunehmen, Wandel zu initiieren und voranzubringen. Sie legen auch Wert darauf, in Führung zu sein. Aber sie sprechen wenig über Führungstheorien und noch weniger über Führungsmodelle.

Jedes Modell, jeder Ansatz würde ein Lösungsversprechen abgeben, an das die Führungskräfte nicht mehr glauben wollen. Sie wollen auch keine Erfolgsformeln reproduzieren oder nachbeten. Vielmehr bekennen sie sich dazu, kein Modell und damit keine endgültige Lösung zu besitzen. Sie stellen alles infrage – auch die Rolle der Führung. So paradox es klingt: In diesem Infragestellen liegt ein besonderes Momentum der neuen Führung. Man kann es auch Führung durch Hinterfragen nennen: Weil die Führungskräfte das Hinterfragen ihrer Macht, ihres Einflusses und ihres Status öffentlich machen, gehen sie wortwörtlich in Führung: Sie drücken der Unternehmenskultur ihren Stempel auf, sie öffnen Räume für Zweifel, Ausprobieren und neues Denken.

2.1 Keine Bilder mehr: Abschied von alten Vorstellungen von Führung

„Der große Boss, der mit dem Cowboyhut am Fenster steht, rausschaut und ansonsten alleine mit seinen Statussymbolen im Büro sitzt, hat ausgedient."
Davor Sertic

So auffallend verblüfft sich unsere Interviewpartnerinnen und Interviewpartner zeigen, wenn wir sie nach den Prinzipien und Leitsätzen ihrer Führung fragen, so bemerkenswert einhellig fällt die Antwort auf die Frage aus, welche Bilder und Vorstellungen von Führung sich überlebt haben. Um im Bild zu bleiben: Der einsame Revolverheld, der es mit einer ganzen Meute an Feinden aufnimmt, um die Stadt im Alleingang zu retten, kann nach Hause gehen:

„Der große Boss, der mit dem Cowboyhut am Fenster steht, rausschaut und ansonsten alleine mit seinen Statussymbolen im Büro sitzt, hat ausgedient", bringt es der Logistikunternehmer Davor Sertic auf den Punkt. Die meisten anderen Interviewpartner sehen es ähnlich. Verleger Horst Pirker stellt sogar ganz am Anfang unseres Gesprächs die Frage, ob Führung überhaupt ein hilfreicher Begriff sei. Das weiß nämlich seiner Meinung nach kein Mensch:

„Ich zumindest weiß nicht, ob man den Begriff überhaupt noch braucht."

Führungskraft oder „Leader"?
Andreas Ollmann und David Cummins von der Agentur Ministry mögen den deutschen Begriff Führungskraft gar nicht. Sie ziehen den englischen Begriff des „Leaders" vor. So wollen sie dem Heldenmythos entgegenarbeiten. Helden arbeiten ja nicht in Teilzeit oder auf Zeit. Bei Ministry können Leader aber sehr wohl wieder von ihrer Aufgabe bzw. Rolle zurücktreten: „Wir sagen den Leuten immer: Du magst jetzt bei uns ein Leader sein. Das heißt aber nicht, dass du das für immer bist." Sie

glauben daran, dass man mit dem englischen Begriff „ein bisschen die Bilder, die wir zum Thema Führung im Kopf haben, aus dem Kopf bekommt". Es sei halt wie im Sport: Da werden die Team-Leader ja zumeist auch für jede Saison neu gewählt.

Führungskräfte haben kein Abo auf die Hauptrolle mehr

Das Bild der entschlossenen und selbstsicheren, aber einsamen Führungskraft hat sich im kollektiven Gedächtnis eingebrannt. Es hat unsere Vorstellung vom Wesen und Wirken einer Führungskraft nachhaltig bestimmt. Nun wird es also abgelöst. Aber wodurch? Das ist nicht ganz leicht zu sagen. Neue Bilder haben sich noch nicht durchgesetzt. Vielleicht gibt es sie (noch) gar nicht.

Neue Führungsstrukturen, die mehr auf Netzwerken denn auf der Macht singulärer Helden beruhen, sind eben, wie Horst Pirker feststellt, nicht so leicht bildlich darzustellen:

„Das ist leider nicht so trivial, nicht so einfach …"

Die Vorstellung fällt deshalb so schwer, weil Führung im Film der Zukunft nicht mehr die Hauptrolle spielen muss. Manche sehen für Führung nur noch die Rolle des Supporting Actors, andere wollen diese auf viele Schultern verteilen. Wenn Führung aber ihre hervorgehobene Rolle verliert, dann ist sie auch schwerer vorzustellen.

Gerade darin liegt eine gewaltige Chance für alle, die im 21. Jahrhundert Führung übernehmen wollen: Sie müssen keinem bekannten Bild entsprechen, keine klar vorgegebenen Rollenmuster übernehmen. Diese Ungebundenheit und Ungezwungenheit kann gewaltige Kraft verleihen und Kräfte schonen: Die Führungskräfte müssen nicht erst gegen Sitten und Gebräuche aufbegehren und traditionelle Vorstellungen entzaubern. Die Bühne ist frei, es liegt an den Führungskräften, ihre Rolle zu finden und auszufüllen. Das ist schwer genug. Aber es gibt auch Entlastung: Diese Leistung müssen sie nicht im Alleingang erbringen. Dafür dürfen sie gerne ihre Mitarbeiterinnen und Mitarbeiter, ihre Teams und die Organisation in die Pflicht nehmen.

Fest steht: Führung hat sich in den vergangenen zehn Jahren sprunghaft verändert und wird sich ständig wandeln. Zwar ist es nicht ganz einfach, ein konkretes Bild zu zeichnen und abgrenzungsscharf zu definieren, was eine gute Führungskraft in Zukunft auszeichnet. Fest steht aber auch, dass einige der Tugenden und Eigenschaften von Führung, die früher in keinem Buch, keinem Seminar oder Vortrag über Coaching fehlen durften, massiv an Bedeutung verloren haben. Dafür kommen neue Ansprüche hinzu. Es lohnt sich also, sich genauer mit dem Katalog der ge- und verwandelten Führungsaufgaben zu befassen.

Zusammengefasst

Chefs müssen nicht immer die Hauptrolle spielen

Führung verändert sich rasant. Das wird auch so bleiben. Noch lässt sich kein konkretes Bild zeichnen und nicht abgrenzungsscharf definieren, was eine gute Führungskraft in Zukunft auszeichnen wird. Viele traditionelle Tugenden und Eigenschaften von Führung verlieren an Bedeutung. Neue Ansprüche kommen hinzu. Viele erfahrene Führungskräfte gestalten diesen Wandel mit und lassen sich dabei von den Notwendigkeiten ihres unternehmerischen Alltags leiten. Wer im 21. Jahrhundert Führung übernehmen will, kann seine Rolle frei von alten Bildern und ohne vorgegebene Rollenmuster finden und ausfüllen.

Fragen Sie sich selbst:

▶ Wie wichtig ist Ihnen die Hauptrolle?
▶ Welche Bilder von und über Führung haben Sie im Kopf? Woher stammen sie?
▶ Wissen Sie, welche Bilder von Führung Ihre Mitarbeiterinnen und Mitarbeiter im Kopf haben?
▶ Können Sie sich Führung auch ganz anders vorstellen?

2.2 Inventur der Führungsaufgaben für die neue Organisation

Aufgabe: „Dauerhaft wirksame Aufforderung an Handlungsträger,
festgelegte Handlungen wahrzunehmen. "
(Gablers Wirtschaftslexikon)

Ist von Führung und Organisation die Rede, dauert es zumeist nicht lang und man landet bei Modellen und Aufzählungen der wichtigsten Kompetenzen und Aufgaben. Das ist ein Versuch, das Phänomen Führung beschreiben und eine Anleitung für Führungserfolg ableiten zu können. Hat man die Aufgaben definiert, kann man ihnen auch Instrumente zuordnen und Qualitätskriterien festlegen.

Allerdings haben Modelle und Top-Ten-Listen der wichtigsten Führungsaufgaben immer ein Problem: Führungskräfte halten sich nicht daran, wenn sie im Alltag gefordert sind. Sie nehmen nicht alles, was sie tun, als Aufgabe wahr. Sie tun auch nicht alles, was dem Modell gemäß eigentlich ihre Aufgabe wäre. Wenn es etwas gibt, was alle Führungskräfte eint, dann ist es abends das Gefühl, dass der Tag mal wieder ganz anders verlaufen ist als geplant.

So erzählt uns Hülsta-Chef Oliver Bialowons zu Beginn unseres Gespräches – wir treffen uns mittags –, wie sein bisheriger Tag verlaufen ist:

> „Ich habe zum Beispiel heute einen Tag erlebt, an dem vieles vielleicht vorhersehbar, aber auf keinen Fall planbar gewesen ist. An einem Tag können mir Kunden ungeplant Großaufträge geben, wichtige Mitarbeiter unverhofft mitteilen, dass sie das Unternehmen verlassen möchten, Lieferanten ankündigen, dass sie Liefertermine nicht einhalten können. An solchen Tagen werden die wirklichen Führungsfähigkeiten ja erst gefragt."

Die Termine einer Führungskraft lassen sich planen, die Aufgaben eher nicht.

Was tun Führungskräfte?

Wir interessieren uns dafür, wie Führungskräfte heute und in naher Zukunft ihren Alltag meistern. Was sie als ihre Aufgabe wahrnehmen und wie sich diese Aufgaben verändern, wenn die Organisationen agiler, dynamischer und selbstorganisierter werden.

Die Führungskräfte haben uns erzählt, was, warum und wie sie es tun. Ganz praktisch und anschaulich – vor Ort, in ihrem Büro. Diese Ausführungen verraten uns viel darüber, was Führungskräfte für wichtig halten und wie sie sich selbst als Führungskräfte definieren. Das Führungsverständnis zeigt sich in der Beschreibung des eigenen Tuns.

Natürlich macht es einen Unterschied, ob wir den CEO eines jungen Start-ups, die Geschäftsführerin einer großen Agentur oder den Vorstandsvorsitzenden eines internationalen Konzerns befragen. Aber es fällt auf, dass all unsere Gesprächspartnerinnen und Gesprächspartner schnell auf ähnliche Herausforderungen, Probleme und Erfolge zu sprechen kommen. Befreit von jeglichen Bezügen zu Führungstheorien können sie erzählen und berichten, wie sie ihre Organisationen verändern und einen neuen Führungsstil entwickeln.

Was hat sich geändert?

Führung ist wichtig für die Zusammenarbeit von Menschen in Organisationen. Auch in hochgradig selbstorganisierten Organisationen wird Führung nicht verschwinden.

Aber Führungsaufgaben können neu und anders verteilt werden. Hier lohnt es sich genauer hinzuschauen und hinzuhören, wenn die Digitalisierung unsere Wirtschaft, Gesellschaft und unsere Wahrnehmung grundlegend verändert: Was machen Führungskräfte anders als früher? Was machen sie mehr? Was lassen sie weg?

Kein Anspruch auf Vollständigkeit
Auf den folgenden Seiten beleuchten wir Führungsaufgaben, die sich in Art, Umfang oder Bedeutung für die Führungskräfte massiv verändern. Manche gewinnen an Gewicht, manche verlieren. Einige Aufgaben werden erst jetzt von den Führungskräften für sich entdeckt. Andere nehmen weniger Raum und Aufmerksamkeit ein. Das heißt nicht, dass es sie nicht mehr gibt. Aber sie werden abgetreten oder geteilt.

Unsere Beschreibung der Führungsaufgaben erhebt keinen Anspruch auf Vollständigkeit. Wenn eine Führungskraft im Gespräch eine Aufgabe nicht erwähnt, heißt das nicht, dass sie sie nicht wahrnimmt. Aber es ist aufschlussreich, dass sie nicht darüber spricht.

2.2.1 Entscheiden

„Also die Entscheidung wird nur mehr eine Dienerin des Lernens."
Horst Pirker

„Auf jedem Schiff, das dampft und segelt, gibt's einen, der die Sache regelt – und das bin ich." Der kühne Vers des späteren deutschen Außenministers Guido Westerwelle aus dem Jahre 2001 ist klar und eingängig. Aber er lässt sich heute, fünfzehn Jahre später, nicht mehr ohne historische Einordung zitieren. So denkt man heute nicht mehr. Zumindest nicht laut.

Die Ansprüche an eine Führungskraft und die Fundamente der Legitimität von Führung haben sich seit Guido Westerwelles forschem Spruch enorm gewandelt. Lange Zeit ist Entscheidungskompetenz das entscheidende Momentum, das eine Führungskraft zur Führungskraft macht. Führen heißt Entscheiden: über Ideen, über Ressourcen und über Personen. Und wer entscheiden darf, regelt die Sache. So einfach ist das früher gewesen.

Genau diese Disziplin fällt aus dem Katalog der Führungsaufgaben heraus und wird ersatzlos gestrichen. Kann das gut gehen? Kein Wunder, dass so manche Führungskraft vom Wandel der Führung nichts wissen will ...

Auch unsere Gespräche drehen sich viel um die Auswirkungen guter und schlechter Entscheidungen. Fehlentscheidungen machen sichtbar, was im Unternehmen nicht gut läuft. So manche gute Entscheidung wartet wahrscheinlich indes immer noch auf Berichterstattung.

„Entscheidungen sind immer noch eines der wichtigsten Elemente von Führung", sagt Stefan Teufl, Head of Learning & Development bei der UniCredit Austria. In seiner Begründung ist er ganz Systemiker:

„Soziale Systeme wie zum Beispiel ein Unternehmen werden durch Entscheidungen beeinflusst oder entwickelt."

Dem wird sicherlich keiner unserer Gesprächspartnerinnen und Gesprächspartner widersprechen wollen. Und doch kann sich zum Beispiel Verlagsgruppenchef Horst Pirker eine Bemerkung nicht verkneifen:

„Aus meiner Sicht ist das Entscheiden das unerotischste Element von Führung."

Vielleicht unerotisch, aber auf alle Fälle hochkomplex. Führungskräfte müssen nicht nur entscheiden. Sie müssen auch damit leben können, dass diese Entscheidungen angreifbar sind, wie Hülsta-Chef Oliver Bialowons betont:

„Am Ende des Tages entscheiden wir täglich unter Unsicherheit. Aufgrund unserer Treuepflichten als Geschäftsführer sind wir dazu angehalten, die Unsicherheiten so klein wie möglich zu halten. Nichtsdestotrotz bleibt jede Entscheidung eine Entscheidung unter Unsicherheit."

Entscheidungen werden an Teams abgegeben

Auffallend viele Führungskräfte haben in unseren Gesprächen betont, dass sie möglichst viele Entscheidungen an Teams und Abteilungen abgeben. Das geht schneller und Teams können agiler entscheiden. „Durch die Entscheidungen im Team ist es einfacher, Dinge schnell umzusetzen. Man kann auch schnell einmal die Richtung ändern. Wenn wir uns entschieden haben, etwas zu tun, dann können wir auch sofort mit der Umsetzung beginnen", ist Britta Görtz vom Datenschutzanbieter Praemandatum überzeugt.

Zwar legen alle Führungskräfte, die ihrer Organisation ein gewisses Maß an Selbstorganisation zuschreiben oder zuschreiben möchten, großen Wert darauf, dass eine Entscheidung im Team oder in der Gruppe keinesfalls nach dem Einstimmigkeitsprinzip fallen muss und es durchaus klare Kriterien, Regeln und auch Hierarchien geben kann. Aber alle räumen ein, dass es auch Zeit und Nerven kosten kann, diese Entscheidung herbeizuführen. Dafür erfolgt die Umsetzung dann umso schneller und wahrscheinlich auch wirkungsvoller. Man kann es auch so ausdrücken: In klassischen Hierarchien können Führungskräfte schnell entscheiden und müssen dann viel Zeit und Mühe für Kommunikation, Überzeugungsarbeit und Erklärungen aufwenden. In selbstorganisierenden Organisationen müssen sie den Rahmen schaffen, dass Teams die Entscheidungen selbst fällen und anschließend umso schneller umsetzen.

Führungskräfte entscheiden vielleicht immer ... aber nicht immer besser
Für Manuel Grassler, Service Designer beim Softwareanbieter Haufe-umantis, ist die Sache ganz klar:

> „In 70 Prozent der Entscheidungsfragen trifft der Mitarbeiter dieselbe Entscheidung wie der Vorgesetzte. In 20 Prozent trifft er die bessere Entscheidung, weil er einfach näher dran ist: näher am Kunden, näher am Geschehen. Nur in zehn Prozent der Fälle trifft der Vorgesetzte eine bessere Entscheidung als der Mitarbeiter."

Deshalb lautet laut Grassler bei Haufe-umantis die Devise: lieber auf die kleinere Wahrscheinlichkeit einer besseren Entscheidung durch Vorgesetzte verzichten und von der größeren Wahrscheinlichkeit einer guten Entscheidung durch die Mitarbeiter profitieren: „Dadurch erhöhe ich signifikant Durchlaufzeiten und die Reaktionsfähigkeit des Unternehmens. Und genau darum geht es ja am Ende des Tages." Andreas Ollmann von der Agentur Ministry sieht es ähnlich und formuliert es fast wortgleich:

> „Also es geht immer darum, sich die Situation anzugucken und sich zu fragen: Ist die Entscheidung des Teams dramatisch gefährlich fürs Unternehmen? Dann müssen wir gucken, was wir damit machen. Wenn sie das nicht ist: Warum glaube ich, dass meine Entscheidung besser wäre als die von den sechs, sieben, acht oder neun anderen Leuten? Lasst uns ausprobieren! Und letztendlich ist es nur unser Job, zu verhindern, dass ein Riesenrisiko auf die Firma zukommt."

Auch Klaus Schwarzenberger, Gründer und Geschäftsführer von ExperienceFellow, ist überzeugt, dass es in dem meisten Fällen fahrlässig wäre, eine Entscheidung allein zu treffen, weil er oft gar nicht die Details und Fakten kennt:

> „Ich habe in meinem Team ja Personen, die auf ihrem Fachgebiet alle besser sind als ich. Selbst auf meinem ureigenen Fachgebiet. Da wäre ich doch dumm, wenn ich dann da durch ein plumpes, egoistisches Verhalten Entscheidungen kassiere, ohne das erforderliche Fachwissen zu besitzen. Das kann gar nicht gut gehen."

Safe enough to try?
„Is it safe enough to try?" lautet eine der eingängigen Fragen des Holacracy-Denkens, die sich zum geflügelten Wort in der Managementsprache des frühen 21. Jahrhunderts entwickelt hat. Die Beantwortung dieser Frage – und damit das Herbeiführen einer Entscheidung – zählt immer noch zu den Hauptaufgaben der Führungskräfte.

Allerdings sehen die Führungskräfte mehr und mehr ihre Hauptaufgabe darin, den Rahmen für gute Entscheidungen zu gestalten und Entscheidungen, die ein Risiko in sich tragen, zu blockieren. Das Treffen der guten Entscheidungen überlassen sie immer öfter und immer bereitwilliger anderen Gruppen.

„Ihr Team muss selbst in der Lage sein, die wichtigsten Entscheidungen zu treffen, weil es sonst angesichts der unendlich vielen Fragen pro Tag viel zu langsam wäre", rät auch Claudia Dietze von freiheit.com:

„Wenn es jeden Tag auf Antworten einer Führungskraft warten müsste, könnte das Team in der Softwareentwicklung zum Beispiel überhaupt nicht Schritt halten."

Entscheiden, nicht zu entscheiden
Die Bereitschaft der Führungskräfte, Entscheidungskompetenz abzugeben, nimmt zu. Der Wert, den Führungskräfte der Entscheidungsgewalt zusprechen, nimmt ab.

Viele Führungskräfte berichten von der Erleichterung, die ihnen im Gespräch auch anzumerken ist: Wer sich entscheidet, nicht alles entscheiden zu müssen, muss auch nicht alles wissen. Und er kann auf andere Quellen, andere Erfahrungen und andere Daten vertrauen. Vielleicht fällt den Führungskräften, die aktiv Selbstorganisation fördern und auf ihren Status als letzte Entscheidungsinstanz verzichten, dieser Schritt auch deshalb so leicht, weil ihr Entscheidungsmonopol auch von ganz anderer Seite angegriffen wird. Nicht von Kollegen und Konkurrenten, sondern von Maschinen und Programmen. Big Data wird Chef 4.0 …

Das World Economic Forum hat 2015 eine Umfrage unter 800 Führungskräften durchgeführt. Dieser Studie zufolge glauben die meisten, dass die Möglichkeiten durch große Datenmengen (Big Data) und die Anwendungen künstlicher Intelligenz nicht nur ihre Produkte und Produktionsweisen massiv verändern werden, sondern auch ihren Führungsalltag. Statistisch gesehen verdoppelt sich alle vierzehn Monate die Menge aller auswertbaren Daten (Carey School of Business 2012). Experten vermuten, dass in 2020 die Datenproduktion 44-mal größer als die Datenproduktion in 2009 sein wird (Wikibon Blog 2012). Eine unvorstellbare Menge. Viele Unternehmen sind erst am Anfang und entdecken gerade, wie sie mit Big-Data-Initiativen neue Geschäftsmodelle entwickeln, neue Wege zum Kunden entdecken und detaillierte Prognosen zum Kundenverhalten erstellen können.

Natürlich können Daten allein nicht managen. Wer Daten hat, muss auch interpretieren können. Aber, und das ist ebenso faszinierend und erschreckend, auch die Möglichkeiten zur Datennutzung durch Algorithmen und künstliche Intelligenz vermehren sich mit rasantem Tempo. 45 Prozent der vom World Economic Forum befragten Führungskräfte gehen davon aus, dass man bereits in weniger als zehn Jahren im Unternehmensvorstand eine Maschine mit künstlicher Intelligenz (Arti-

ficial Intelligence Machine) vorfindet: Ein künstlicher Vorstandskollege, der Markt-
bewegungen auswertet und automatisierte Entscheidungsvorlagen liefert, damit der
Vorstand konkrete Beschlüsse fassen kann, die auf Daten und Erfahrungen der
Vergangenheit basieren (World Economic Forum 2015, S. 21).

Die Investmentfirma Deep Knowledge Venture hat gleich Nägel mit Köpfen
gemacht und ihren speziellen Algorithmus für Investitionsentscheidungen, der auf
den Namen VITAL hört (VITAL = Validating Investment Tool for Advancing Life
Sciences) zum Vorstand ernannt. Das ist natürlich ein PR-Gag[2]. Aber vielleicht auch
ein Ausblick auf die Zukunft: Das World Economic Forum in Davos geht davon aus,
dass bereits 2025 der „Tipping Point" erreicht sein wird und Prozessoren genau so
viel Verarbeitungsleistung aufweisen wie das menschliche Hirn.

Wenn Entscheidungen gar nicht mehr wichtig sind

Horst Pirker von der Verlagsgruppe News gönnt sich in unserem Gespräch die Zeit
und Muße, diese Entwicklungen weiterzudenken. Wenn Prozessoren so große Datenmengen zur Verfügung stellen, dass sich viele Handlungsempfehlungen in Nano-
sekundenschnelle berechnen lassen, was sind denn dann im Wortsinne Entscheidungen? Braucht es Entscheidungen und Entscheider dann überhaupt noch? Oder wird
das, was unserem heutigen Verständnis nach Entscheidungen sind, „in weitere Mole-
küle zerlegt, die dann miteinander in Interaktion treten?" Folgerichtig stellt Pirker das
Primat der Entscheidung infrage und damit die Bedeutung des Entscheidungsträgers:

> „Entscheidungen verlieren ihre Spitzenrolle und werden zur dienenden Funktion."

Es wird in Zukunft kaum noch Unterscheidungen zwischen guten und richtigen
Entscheidungen geben, sondern permanente Anpassung. Nicht zuletzt die Generie-
rung von riesigen Datenmengen in Echtzeit sorgt dafür, dass die Entscheidungen
immer kleinteiliger und korrigierbarer werden. Das System lernt permanent dazu.
Und genau deshalb wird für Pirker das Lernen auch wichtiger als das Entscheiden
(siehe ► Abschn. 2.2.5). Wenn Entscheiden früher die Hoheitsaufgabe der Führungskräfte war, dann ist es in Zukunft das Lernen.

Abschied vom Bauchgefühl?

Natürlich ist man sofort geneigt, Einspruch zu erheben, weil Berechnen allein ja
noch nicht Entscheiden ist: „Nur die Fragen, die prinzipiell unentscheidbar sind,
können wir entscheiden", lautet nicht von ungefähr das beliebte Zitat des Kyberne-
tikers Heinz von Förster. Für dieses Entscheiden des Unentscheidbaren gibt es nach

---

[2] Die BBC hat auch prompt berichtet: http://www.bbc.com/news/technology-27426942.

traditionellem Managementverständnis eben die Führungskräfte und ihr Bauchgefühl. Sie sind es, die am Ende des Tages, wenn alle Kennzahlen auf dem Tisch liegen, entscheiden: aus dem Bauch heraus, ihrem Gefühl folgend oder aufgrund langjähriger Erfahrung. Aber genau diese Vorstellung verliert an Gültigkeit. Bauchgefühl und Erfahrung konkurrieren zunehmend mehr mit anderen Entscheidungsgrundlagen, die immer konkreter und verlässlicher werden.

Führung heißt: Entscheidungen zur Sprache bringen
Ganz gleich, ob die Entscheidung am Ende des Tages aufgrund von Berechnungen eines Computers oder aufgrund der Abstimmung eines Teams erfolgt: Es ist nicht mehr die Entscheidung einer einzelnen Führungskraft, die den Unterschied macht. Anders herum gesagt: Eine Führungskraft erkennt man nicht (nur) an ihren Entscheidungen.

Werden Führungskräfte dann noch gebraucht? Ohne Zweifel. Nicht nur, weil eine Führungskraft weitaus mehr tun und können muss, als Entscheidungen zu treffen. Auch in neuen Organisationen, die zu großen Teilen auf Selbstorganisation setzen, sind es die Führungskräfte, die für Entscheidungen sorgen. Auch wenn sie nicht (mehr) alles selbst entscheiden, sind sie es, die für das Unternehmen entscheidend wichtig sind:

Frei nach Niklas Luhmann ist es für das Unternehmen nämlich gar nicht so wichtig, was bei einer Entscheidung entschieden wird, sondern dass überhaupt entschieden wird. Dafür sorgen die Führungskräfte. Sie bringen Entscheidungsfragen zur Sprache. Sie setzen Fristen. Sie fördern den Austausch. Sie versorgen die Beteiligten mit Expertise und Informationen von innen und außen. Nicht zuletzt geben sie Orientierung und setzen einen Rahmen, damit Entschlüsse und Entscheidungen mit den Ansprüchen, Zielen und dem Selbstverständnis der Organisation in Einklang stehen. Zudem sind sie für die Kommunikation getroffener Entscheidungen verantwortlich. Eine Aufgabe, die für das Wirken von Führungskräften gar nicht überschätzt werden kann, wie Oliver Bialowons von Hülsta hervorhebt:

> „Das Vertreten von Entscheidungen ist deutlich wichtiger als das Treffen von Entscheidungen. Es ist auch viel schwieriger – insbesondere dann, wenn sich getroffene Entscheidungen als nicht perfekt oder gar als falsch erweisen."

Die große Herausforderung: nicht in alte Muster verfallen
Das Herbeiführen und die Kommunikation von Entscheidungen sind schwer genug. Hinzu kommt die Herausforderung, bei allem Einsatz als Entscheidungsförderer nicht zum Alleinentscheider zu werden, wie Ralf Heller von Virtual Identity aus eigener Erfahrung weiß:

„Das ist sehr anspruchsvoll. Ein solches Führungsverhalten widerspricht dem in Schule, Universität und vom Arbeitgeber antrainierten Verhalten. Da gibt es immer einen, der Verantwortung übertragen bekommen hat, der deshalb sagt, wo es lang geht. Damit einher geht die große Herausforderung, nicht selbst in diese Muster zu verfallen: alle Entscheidungen treffen, dem eigenen Statusverlangen oder Machtstreben nachzugeben."

Auch Uwe Lübbermann, der aus dem Kreis unserer Gesprächspartner als Kopf und „zentraler Moderator" bei Premium Cola wohl am meisten Selbstorganisation von allen vorweisen kann, kennt dieses Problem:

„Am Ende des Tages sind die entscheidenden Dinge fast immer bei mir auf dem Tisch, obwohl ich das gar nicht will. Ich will gar nicht, aber die Entwicklung geht immer wieder dahin. Und das gibt mir eine zentralere Rolle, als ich sie eigentlich haben will. Ich würde gerne noch viel demokratischer damit sein, noch viel mehr abgeben, viel mehr loslassen. Aber fast egal, wie sehr ich loslasse, häufig finde ich niemanden, der das annimmt. Oder wenn, dann manchmal auch Leute, die – das muss ich auch ehrlich sagen – sich selbst weit überschätzen. Das erkennt man häufig daran, dass sie dann für komplexe Probleme sofort ganz einfache Lösungen präsentieren können und wollen. Bis man die Leute so weit hat, dass sie einen Rundumblick entwickeln – das dauert."

Mit dieser Erkenntnis weist Uwe Lübbermann nicht nur darauf hin, wie wichtig es ist, Mitarbeiterinnen und Mitarbeiter gezielt zur Selbstorganisation zu entwickeln. Er zeigt auch, dass Führungskräfte, die nicht mehr alles entscheiden wollen oder entscheiden sollen, eine ganz besondere Fähigkeit besitzen müssen: die Chuzpe, das Treffen von Entscheidungen abzulehnen. Und wenn sie das tun, muten sie ihren Teams und Mitarbeitern viel Komplexität zu. Oder besser gesagt: Sie trauen ihnen zu, komplexe Probleme bestmöglich zu lösen.

Nicht genug damit, dass Führungskräfte loslassen und sich bei Entscheidungen zurücknehmen müssen. Sie haben diese Entscheidungen dann auch nach innen und außen zu vertreten. So wie Paul Kupfer, CEO von Soulbottles, der uns seine Visitenkarte gibt und auf die Frage, warum denn auf der Karte überhaupt kein Ort – also weder Firmensitz noch Wohnort – angegeben sei, antwortet:

„Keine Ahnung. Macht man wohl jetzt so. Ich musste mich auch daran gewöhnen. Hat Marketing entschieden."

Er sagt das mit einer Miene, die gar nicht erst den Verdacht aufkommen lässt, dass er sich als CEO geschwächt sieht, weil diese Entscheidung ohne ihn oder gar gegen ihn getroffen worden ist.

„Wir haben es dann auch schnell gekillt"

Der Verzicht auf die Entscheidungshoheit bietet für Führungskräfte viele Vorteile, wenn sie ihn zu nutzen wissen: Er fördert Transparenz, Vertrauen und den Mut, Fehler zu machen. Im Sinne des klassischen Trial-and-Error-Verfahrens können ihre Organisationen mehr ausprobieren. Außerdem können sich Mitarbeiter ebenso wie Führungskräfte leichter Fehler ohne Gesichtsverlust leisten. Klöckner-Chef Gisbert Rühl erinnert sich an die Entwicklung des ersten Webshops, der im Praxistest durchgefallen ist. „Als die Probleme offenkundig wurden, haben wir uns umgehend von dieser Version verabschiedet und dies intern auch klar als gescheitertes Projekt kommuniziert", berichtet Gisbert Rühl:

> „Im Corporate Board Meeting habe ich zu meinen Vorstandskollegen gesagt: ,Das war ein Fehler.' Und dann haben wir das getan, was wir schon längst hätten tun sollen: Wir haben es gekillt."

Wie weit das impulsive und unerschrockene Vorgehen des Design Thinking bereits Einfluss auf die Unternehmenskultur bei Klöckner genommen hat, erkennt Rühl auch daran, wie er und seine Teams sich früher verhalten haben:

> „Früher hätten wir uns nicht so klar zu Fehlern bekannt und argumentiert, dass die erste Version noch etwas unausgereift sei, aber wir bereits mit der neuen technologischen Generation an Verbesserungen arbeiten würden. Und dann hätten wir die Lösung etwas später stillschweigend beerdigt."

Jetzt findet die Abkehr von Ideen und Projekten etwas lauter und unmittelbarer statt. „Das gehört zu unserer neuen Welt: Dass man klar und deutlich sagt: Das ist richtig schief gelaufen", betont Rühl. Und setzt hinzu:

> „Wichtig ist, dass man gerade bei Themen, die man selbst in den Sand gesetzt hat, dazu steht. Dann ist die Kommunikation am glaubwürdigsten."

„Wenn man schnell entscheiden muss, ist wahrscheinlich etwas schief gelaufen"

Schnelle Entscheidungen passen in eine volatile Welt, die entschlossenes Handeln fördert und fordert. Das könnte so manche Führungskraft ermuntern, rasch Nägel mit Köpfen zu machen, wenn die Zeit drängt, und die Entscheidung im Alleingang zu treffen. Ein Gedanke Uwe Lübbermanns von Premium Cola spricht dagegen, diese Art von Entscheidungsstärke als Führungsstärke zu beschreiben:

„Wenn man schnell entscheiden muss, ist wahrscheinlich etwas schiefgelaufen."

Er gibt ein Beispiel aus der eigenen Erfahrung: Zweimal hat das Kollektiv keinen Konsens über die Gestaltung der neuen Etiketten für Colaflaschen herstellen können. „So mancher würde uns jetzt wahrscheinlich darauf hinweisen, dass unsere Methode zur Entscheidungsfindung zu lange dauert", mutmaßt Uwe Lübbermann. Er aber sieht es anders:

> „Wir drucken die Etiketten einfach drei Monate vor der nächsten Abfüllung. So haben wir im Fall einer Diskussion zweieinhalb Monate Zeit, um das zu sortieren und einen Weg zu finden."

Also alles ganz einfach und alles eine Frage der Zeit. Natürlich weiß auch Lübbermann, dass es Entscheidungen gibt, die sofortiges Handeln verlangen und keinerlei Aufschub dulden.

> „Wenn ich jetzt einen Herzinfarkt hätte, wünschte ich mir schon, dass der Notarzt sofort da ist und schnell handelt."

Aber auch bei diesem plakativen Beispiel rät Uwe Lübbermann, den Vorteil der Entschleunigung nicht zu übersehen:

> „Nach dem Einsatz wünsche ich mir, dass der Notarzt mit allen Beteiligten spricht und sie befragt, was sie gesehen und wahrgenommen haben. Manchmal sieht die Putzfrau, die nur zufällig im Raum ist, viel mehr als der Notarzt mit seinen dreißig Berufsjahren Erfahrung, der schnell wieder zum Einsatz muss."

Lübbermann möchte Zeit für das Qualitätsmanagement:

> „Vielleicht kann dieses Gespräch die entscheidende Anregung liefern, die die nächste Entscheidung beschleunigt. Deswegen reden wir immer mit allen Beteiligten."

Das ersetzt für ihn die Vergabe von Aufträgen an externe Berater:

> „Du brauchst keine externen Berater, denn meistens hast du die besten Fachleute im eigenen Netzwerk. Die wissen meistens am besten, wie zum Beispiel Logistik, Gastronomiemanagement oder Leergutmanagement am besten funktionieren kann."

Sollte es einen Entscheidungsvorbehalt für Führungskräfte geben?
Bleibt die Frage, ob es nicht doch so etwas wie einen Entscheidungsvorbehalt für Führungskräfte gibt oder geben sollte – ein Art Ewigkeitsklausel oder Ewigkeitsgarantie für die Unternehmensorganisation. Andreas Ollmann und David Cummins von Ministry glauben schon, dass es bestimmte Grundsätze geben sollte, die nicht zur Entscheidung freigestellt werden:

> „Wenn unsere Teams morgen zu uns kommen und uns anflehen, dass wir unten an der Tür eine Stechuhr anbringen und Pflichtanwesenheit von 8:30 Uhr bis 18:45 Uhr oder so was einführen, dann sagen wir: ‚Nein, weil das passt nicht zu der Kultur, die wir wollen.'"

Ralf Heller von Virtual Identity sieht gerade in der Möglichkeit, dass Selbstorganisation auf Freiwilligkeit setzt, die Grundlage dafür, dass sich Mitarbeiter voll einbringen:

> „Ich möchte da nicht zum Missionar werden. Ich möchte es keinem aufdrängen. Autonomie heißt ja auch: Ich kann mich bewusst dagegen entscheiden. Das ist wunderbar."

Auch für Britta Görtz, Master Chief (MC) Marketing bei Praemandatum ist eine Rückkehr zu traditionellen Entscheidungsregeln und Organisationsformen durchaus vorstellbar:

> „Praemandatum ist nicht zwanghaft demokratisch. Wenn die Mitarbeiter entscheiden: Wir möchten nicht mehr demokratisch sein, kann man auch das abschaffen. Also das geht vielleicht einfach noch einen Schritt weiter. Also wir haben uns schon dazu entschieden, das so zu machen. Das heißt aber nicht, dass das übermorgen noch so ist. Und wenn jetzt alle oder 75 Prozent der Praemandatum-Mitarbeiter sich auf einmal darauf einigen, dass wir ab morgen statt Datenschutz anzubieten Blumen verkaufen, dann wird auch das so sein."

Ihr Kollege Peter Leppelt verweist lässig auf die Praemandatum-Unternehmenssatzung: „Wenn wir das auf eine individualitätsfördernde Weise tun, dann ist das auch satzungskonform." Britta Görtz schiebt allerdings schmunzelnd nach: „Aber ich rechne nicht damit, dass das passiert."

Zusammengefasst

Entscheiden muss man nicht allein

Die Bereitschaft von Führungskräften, Entscheidungskompetenz abzugeben, nimmt zu. Gleichzeitig verändert sich die Bedeutung von Entscheidungen, sie werden immer kleinteiliger und korrigierbarer. Die Unterscheidung zwischen guten und richtigen Entscheidungen fällt weg, an ihre Stelle tritt permanente Anpassung, also Lernen. Entscheidungen werden zunehmend konkreter und verlässlicher auf Basis von Daten getroffen, singuläres Bauchgefühl verliert an Bedeutung.

Entscheidungen werden an Teams abgegeben, weil es schneller geht und Teams agiler entscheiden können. Dazu brauchen sie klare Kriterien, Regeln und auch Hierarchien.

Mindestens eine wichtige Aufgabe bleibt bei den Führungskräften: Sie müssen sicherstellen, dass Entscheidungen getroffen werden können. Sie müssen geeignete Rahmenbedingungen schaffen und sichern.

Fragen Sie sich selbst:

▶ Werden in Ihrer Organisation Entscheidungen oft zu spät oder zu langsam getroffen?

▶ Wie wichtig ist das Privileg, Entscheidungen zu treffen, für Ihr Selbstverständnis als Führungskraft?

▶ Wie transparent ist in Ihrem Unternehmen, wer wann welche Entscheidungen trifft?

▶ Wie können Sie mehr Entscheidungen an Teams abgeben?

▶ Ist klar definiert, welche Grundsätze nicht zur Entscheidung freigestellt werden?

▶ Wissen Ihre Teams, welche Entscheidungen Sie zukünftig treffen wollen – und welche nicht?

▶ Wie können Sie verhindern, dass Entscheidungen durch die Hintertür wieder bei Ihnen landen?

2.2.2 Personal einstellen

„Sind Mitarbeiter überzeugt von ihrem Unternehmen, dann reden sie auch darüber. Und ein Unternehmen, das auf Peer Recruiting setzt, zieht in ganz anderem Maße passende Menschen an als Unternehmen, die noch ganz klassisch rekrutieren."
Manuel Grassler

Nicht die Daten, nicht die Maschinen, nicht die Systeme. Es sind Menschen, die den Erfolg eines Unternehmens ausmachen. Das ist im 21. Jahrhundert Common Sense. Wolfgang Niessner, CEO des Logistikunternehmens Gebrüder Weiss, beginnt unser Gespräch mit einem klaren Statement – bevor wir überhaupt auf Themen wie Führung, Organisation und Hierarchie zu sprechen kommen:

> „Also der mit Abstand wichtigste Erfolgsfaktor sind die hervorragenden Mitarbeiterinnen und Mitarbeiter."

Wir haben zwar nicht die Probe aufs Exempel gemacht. Aber wir sind sicher, dass jeder unserer Gesprächspartner diesen Satz vorbehaltlos unterschrieben hätte – völlig unabhängig von der Hierarchieform und dem Organisationsgrad des Unternehmens.

Es gehört zum Selbstverständnis der Führungskräfte, den Wert der Belegschaft und die Leistungen der Menschen öffentlichkeitswirksam zu würdigen und in den Mittelpunkt zu stellen. Bisher haben Führungskräfte dies großzügig tun können, ohne den Wert und die Bedeutung ihrer eigenen Rolle als Führungskraft zu schmälern: Sind es doch die Führungskräfte, die dafür verantwortlich zeichnen, dass bestimmte Personen an bestimmten Positionen zum Einsatz kommen. In ihrem unmittelbaren Umfeld sorgen Top-Führungskräfte zumeist für die Besetzung der Stellen im direkten Zugriff. Für den Rest des Unternehmens prägen sie die Personalpolitik mit ihren Richtlinien. Sie können sich auf die Personen, die in der Hierarchie einen Rang unter ihnen stehen, verlassen. Diese handeln in ihrem Sinne, nach ähnlichen Kriterien und mit denselben Zielen, wenn sie Menschen einstellen, entwickeln und im ungünstigen Fall freisetzen.

Das Privileg, die Mitarbeiter selbst aussuchen zu können
Wolfgang Niessner ist der CEO von 6.000 Mitarbeiterinnen und Mitarbeitern auf der ganzen Welt, die 1,3 Milliarden Euro Umsatz erwirtschaften. Wie kann man ein Unternehmen dieser Ordnung führen? Wie ihm seinen Stempel aufdrücken? Wolfgang Niessner sieht da eine klare und klassische Wirkungskette:

„Also mein Privileg ist ja, dass ich mir meine engsten Mitarbeiter in aller Regel aussuchen kann. Ich habe ja die Möglichkeit, in verantwortungsvolle Positionen jene Damen und Herren zu bringen, von denen ich glaube, dass sie diesen Weg am konsequentesten mitgehen. Diese Multiplikatoren geben die Botschaften vertikal weiter und bringen sie auf eine breitere Basis."

Neben der Kommunikationskaskade nutzt Wolfgang Niessner auch andere Möglichkeiten wie Intranet und Firmenzeitung. Ihm ist durchaus bewusst, dass es bei vertikaler Kommunikation zu Verkürzungen, Umdeutungen und Missverständnissen kommen kann.

Unbestritten ist für alle unsere Gesprächspartner: Menschen bleiben im Mittelpunkt. Menschen sind nach wie vor für den Unternehmenserfolg entscheidend. Sie sind die wichtigste Ressource. Bleibt die Frage, wie diese Ressource erschlossen wird. Wer steht für die Personalstrategie? Wer stellt ein? In Kleinunternehmen und Start-ups ist das nicht mehr alleinige Aufgabe der Führungskräfte. Das übernehmen mehr und mehr die Mitarbeiter. Oder im nächsten Gedankenschritt: Es ist das Unternehmen selbst, das anzieht, auswählt und einstellt. Klingt verrückt. Macht aber Sinn.

Die größte Herausforderung der Zukunft

Die größte Herausforderung der Zukunftssicherung sehen viele Führungskräfte darin, qualifiziertes Personal zu finden. Natürlich sind das Recruiting und das Finden guter Leute schon immer ein entscheidendes Erfolgskriterium gewesen, weil sich die Besten ja nun mal nicht beliebig finden und einstellen lassen. Aber die Situation auf dem Arbeitsmarkt spitzt sich immer mehr zu. Die einen versuchen, unter vielen Bewerbungen das passendste Talent auszumachen. Andere fragen sich mit Sorge, ob sie überhaupt ausreichend Personal für die kommenden Herausforderungen finden. Zum Beispiel in der Hotellerie, in der Bruno Marti, Chief Brand Officer der 25hours-Hotels, die Akademisierung der Ausbildungsberufe beklagt:

„Das ist für uns gar nicht so gut. Uns fehlen dann die Leute, die im täglichen Umgang mit den Gästen gut arbeiten, weil jeder das Gefühl hat, er muss sofort auf dem Chefsessel anfangen."

Oder in der Softwarebranche, in der Claudia Dietze für ihr Unternehmen freiheit. com den hohen Anspruch an das Personal seit siebzehn Jahren aufrecht hält:

„Generell sind gute Ingenieure bekanntermaßen nicht im Übermaß verfügbar. Wenn man dann auch noch die Besten sucht, wird die Suche sehr, sehr anspruchsvoll."

Deshalb möchte Claudia Dietze lieber weiterhin gemäßigt wachsen. Vor allem, „um neue Mitarbeiterinnen und Mitarbeiter behutsam kulturell zu integrieren".

Man kann es auch so formulieren: Gerade weil die Bedeutung der Entscheidungen bei Personaleinstellungen nicht hoch genug eingeschätzt werden kann, wäre es vielleicht fahrlässig, diese in die Hände Einzelner zu geben. Denn die Entscheidungen Einzelner sind ja, wie wir gelernt haben (siehe ► Abschn. 2.2.1), extrem fehleranfällig.

Zwar nehmen viele bis alle der Führungskräfte, mit denen wir sprechen durften, durchaus für sich in Anspruch, ein gutes Händchen bei der Personalauswahl zu haben. So zum Beispiel Karen Heumann, lange Jahre Gesicht der Kultwerbeagentur Jung von Matt, seit 2012 Sprecherin des Vorstands der Thjnk AG und darüber hinaus seit vielen Jahren in Aufsichtsräten internationaler Unternehmen tätig:

> „Ich weiß meistens, wo Süden und wo Norden ist, das ist schon einmal ganz gut. Aber darum geht es eben nicht allein, wenn man Führungskraft ist. Es geht eben auch darum, dass ich verstehe, die richtigen Leute zu finden, sie richtig anzuleiten, ihre Motivation zu stärken und ihnen zu ermöglichen, Resultate zu erzielen. Ja, und ich glaube, dass ich das gut kann. Ich kann sehen, wen ich entwickeln kann. Ich kann sehen, wer passt. Ich kann sehen, wer zusammenpasst, wer ein gutes Team ist …"

Im Trend: Team-Recruiting

Dieses gute Händchen bei der Personalauswahl zeichnet eine Führungskraft nach wie vor aus. Viele Führungskräfte berichten aber auch, dass sie bei Personalentscheidungen immer mehr die Teams und Mitarbeiter informieren und einbeziehen – und bisweilen die Entscheidung sogar ganz an die Teams abgeben.

Die Motivation dazu ist ähnlich gelagert wie der Wunsch, Entscheidungen abzugeben und nicht mehr allein zu treffen. Was nützt die beste Personalentscheidung, wenn das Team sie nicht mitträgt? Entweder das Team hat seine Gründe – das spräche gegen die Entscheidung. Oder es bewertet den Kandidaten für eine neue Position im Gegensatz zur Führungskraft völlig falsch. Dann hat die Führungskraft vielleicht ein besseres Bauchgefühl. Das hilft dem Neuen aber auch nicht wirklich beim Start im und mit dem neuen Team.

Mehr und mehr Führungskräfte verlagern deshalb auch die Personalpolitik in die Teams. Andreas Ollmann von der Agentur Ministry berichtet uns von seinen Erfahrungen. Er ist bei der Agentur für PR und Marketing verantwortlich. Gemeinsam mit seinem Kollegen in der Geschäftsführung führt er oft Erstgespräche mit Kandidatinnen und Kandidaten. Finden sie jemanden, der aus ihrer Sicht zum Unternehmen passen könnte, geben sie die Akte weiter an die jeweiligen Teams. Dieses Screening empfinden sie selbst als Serviceleistung: „Hier haben wir einen Kandidaten und glauben, der passt gut zu uns."

Das Team kann dann selbst entscheiden, wie es vorgeht: gar nicht erst anschauen, zu einem weiteren Vorstellungsgespräch einladen, Probearbeit organisieren oder Ähnliches. „Wenn das Team sagt: Den hätten wir gerne bei uns, dann kümmern wir uns um Papierkram und solche Dinge", schildert Andreas Ollmann – und bekräftigt auf unsere Nachfrage, dass er auch dann kein Veto einlegt, wenn das Team anders entscheidet als er:

> „Natürlich gab es schon Gespräche mit Kandidaten, die wir richtig toll fanden, nach denen die Teams anschließend zu uns kamen und sagten: ‚Geht überhaupt nicht, passt nicht zu uns.' Wir haben uns dann angeguckt und gesagt: ‚Hm, wir glauben, dass es anders ist.' Aber wissen wir das wirklich besser?"

Ollmanns Geschäftsführungskollege Cummins kommentiert mit einem Augenzwinkern:

> „Manchmal ist so ein Einstellungsprozess ein Learning für das Team – und manchmal für uns …"

Auch den Einwand, dass Teams vielleicht Facherfahrung, aber keine Erfahrung im Recruiting und in der Personalauswahl besäßen, lassen Ollmann und Cummins nicht gelten. Ihre Aufgabe als Führungskraft sei es dennoch nicht, Einstellungen zu beschließen oder darüber zu entscheiden:

> „Ja, manchmal kommen Teams, die sich für jemanden entschieden haben, nach kurzer Zeit wieder zu uns und bedauern ihre Entscheidung."

Dann sei der Geschäftsführer wieder als Dienstleister gefragt, um das Arbeitsverhältnis in oder nach der Probezeit aufzulösen:

> „Alles in Ordnung. Manchmal fehlt es den Teams an Erfahrung in der Personalauswahl. Das lernt man nur durch Erfahrung. Diese Erfahrung muss aufgebaut werden. Auch durch das Erlebnis von Fehlentscheidungen. Und dann ist es unser Job, den Teams zu helfen und Fehlentscheidungen abzupuffern."

Außerdem besitzt die Geschäftsführung ja uneingeschränktes Vorschlagsrecht und kann präferierte Kandidaten demselben oder einem anderen Team erneut vorschlagen:

> „Es gab eine Bewerberin, die fanden wir richtig toll – das Team teilte diese Meinung leider nicht. ‚Passt nicht zu uns,' hieß es. Ein paar Wochen später konnten wir sie

dann einem anderen Team vorschlagen. Wir sagten einfach: ‚Mensch, da haben wir jemanden in der Pipeline. Guckt euch die einmal an.' Und die besagte Dame ist jetzt schon seit einiger Zeit festes Team-Mitglied bei Ministry."

Es macht in mehrfacher Beziehung Sinn, Teams und Mitarbeiter konsequent in die Recruiting-Prozesse einzubeziehen – und sich als Geschäftsführer und Erster unter Gleichen ein unendliches Vorschlagsrecht zu sichern. Andreas Ollmann erwähnt den Lerneffekt, der sich sicherlich in mehrfacher Hinsicht ausmachen lässt: Das Team lernt nicht nur Techniken und Strategien der Personalauswahl. Zugleich lernt es als Team, mit Veränderungen umzugehen und Wandel einzuleiten: Nichts personifiziert den Wandel besser als neue Köpfe und neue Gesichter.

Im Verfahren selbst lernt das Team, sich und das Unternehmen zu präsentieren und zu hinterfragen. Wo sonst wird in Unternehmen häufiger und ausführlicher über Ziele, Strategien und Kulturen gesprochen als in Bewerbungsgesprächen? Es ist daher nur konsequent, die Teams selbst Bewerbungsgespräche komplett durchführen zu lassen. Gewünschter Nebeneffekt: Auch die Bewerberinnen und Bewerber erhalten einen echten, ungeschminkten Eindruck der Organisations- und Unternehmenskultur. Dieser Eindruck schlägt alle bedacht formulierten und mit vielen Bildern ergänzten Formulierungen auf der Website.

David Cummins beeilt sich im Gespräch hinzuzufügen, dass hinter der Entscheidung, die Personalauswahl zumindest in Teilen dem Team zu überlassen, Kalkül und unternehmerische Planung steht:

„Zu allem, was wir machen, führen wir mit den Teams Gespräche und fragen immer wieder: Wo wollt ihr hin? Was wollt ihr erreichen?"

Wer diese Fragen stellt und den Teams echte Mitsprache geben will, muss auch die Entscheidung in Personalfragen teilen.

Auch das Softwareunternehmen Haufe-umantis setzt auf Peer Recruiting. Consultant Manuel Grassler betont, dass dieser Prozess dem Unternehmen mehr Vielfalt, mehr Handlungsspielraum und mehr Flexibilität ermöglicht:

„Am Ende des Tages muss das Team eine Entscheidung treffen: Passt diese Person zur Organisationskultur? Und passt sie auch fachlich in die angedachte Rolle? Sehr oft kommt es vor, dass Bewerber, die hervorragend in die Unternehmenskultur passen, aber nicht wirklich zur ausgeschriebenen Rolle, für die wir jemanden suchen. Da sich das Unternehmen in einem Wachstumsprozess befindet, kann es durchaus vorkommen, dass wir uns gemeinsam fragen, wo und wie diese Person denn passen könnte – und sie dann trotzdem einstellen."

Team-Recruiting sichert den „Cultural Fit"
Für Manuel Grassler ist klar: Der Peer-Recruiting-Ansatz verbessert nicht nur die Qualität der Einstellungsgespräche und -entscheidungen. Er sorgt auch dafür, dass dem Unternehmer mehr und geeignete Kandidatinnen und Kandidaten zur Verfügung stehen. Grassler nennt das das „Gesetz der Anziehung":

> „Sind Mitarbeiter überzeugt von ihrem Unternehmen, dann reden sie auch darüber. Und ein Unternehmen, das auf Peer Recruiting setzt, zieht in ganz anderem Maße passende Menschen und passende Mitarbeiter an als Unternehmen, die noch ganz klassisch rekrutieren."

Natürlich ist Peer Recruiting in kleinen Agenturen wesentlich einfacher einzuführen und umzusetzen als in weltweiten Konzernen. Aber auch Google setzt auf Personalauswahl durch das Team. Für Frank Kohl-Boas ist einer der wichtigsten Erfolgsfaktoren die „Art und Weise, wie sich die Unternehmenskultur weiterentwickeln kann, ohne dass sie sich in ihren Grundfesten verändert". HR-Prozesse sind in dieser Hinsicht besonders wichtig. Die Google-Gründer Sergey Brin und Larry Page haben eben, so Frank Kohl-Boas, weit vorausgedacht, als sie einen konsensbasierten Recruitment-Ansatz gewählt haben:

> „Nur wenn alle am Interviewprozess beteiligten Mitarbeiter sich für eine Anstellung einer Bewerberin oder eines Bewerbers entscheiden, wird einem Einstellungskomitee die Bewerbung mit dem Feedback aller am Interviewprozess Beteiligten zur Entscheidung vorgelegt. Nur so kommt es nach der Entscheidung des Komitees etwaig zu einer Einstellung. Dieses Vorgehen sichert einen ‚Cultural Fit' des neuen Mitarbeiters und vermeidet zugleich die im menschlichen Wesen eines jeden Individuums begründete Gefahr, das eigene Abziehbild einzustellen."

Zugegeben, das klingt nach viel Arbeit für viele Beteiligten. Aber spätestens der Hinweis von Frank Kohl-Boas sollte Führungskräfte und HR-Abteilungen davon überzeugen, wie wichtig und wertvoll dieser Prozess ist: Abziehbilder sind meistens weder agil, noch kreativ, noch erfolgreich.

Zusammengefasst

Team-Recruiting bindet die Mitarbeiter in die Personalauswahl ein
Team-Recruiting liegt im Trend. Personalentscheidungen werden immer häufiger mit den Teams oder sogar von den Teams getroffen. Teams lernen nicht nur Techniken und Strategien der Personalauswahl, sondern auch als Gruppe mit Veränderungen umzugehen. Im Verfahren selbst trainieren die Mitarbeiterinnen und Mitarbeiter, sich und das Unternehmen zu präsentieren.
Gewünschter Nebeneffekt des Team-Recruitings: Auch die Bewerberinnen und Bewerber erhalten einen echten, ungeschminkten Eindruck der Organisations- und Unternehmenskultur. Das sichert den „Cultural Fit".

Fragen Sie sich selbst:

▶   Was spricht dafür, Teams mehr als bisher in die Personalauswahl einzubeziehen? Was dagegen?

▶   Wie können Sie Ihr Team bzw. Ihre Mitarbeiterinnen und Mitarbeiter in den Team-Recruiting-Prozessen unterstützen?

2.2.3   Personal bewerten

„Normalerweise läuft das doch so: Da muss jemand vortanzen und begründen, warum er mehr Gehalt für begründet hält. Und als Führungskraft bist du, wenn du nein sagst, immer der böse Onkel."
Andreas Ollmann

Frank Klinkhammer, CEO bei Netcentric in der Schweiz, kann sich noch gut an sein Leben vor der Gründung von Netcentric, also vor Holacracy, erinnern. Er war als Consultant und Manager bei verschiedenen Beratungsunternehmen tätig und damit auf die typischen Consulting-Karrierepfade eingestellt. Die Definition dieser Karrierepfade ist aber, wie er uns mit hoch gezogenen Brauen erzählt, „immer ein Drama":

„In jedem Haus gibt es bestimmte Karrierestufen oder Level. Und man wünscht sich, dass die Mitarbeiter immer den nächsten Schritt machen und weiter nach oben kommen. Dafür gibt es auch Coaching als Unterstützung."

Das klingt gut. In der Praxis scheitern diese Konzepte aber oft an der wenig relevanten und wenig trennscharfen Beschreibung der einzelnen Kompetenzstufen oder Level:

„Irgendwann sagt man dann, dass das die HR-Abteilung machen soll. Und die schreiben dann irgendetwas auf. Je nach Qualität der HR-Abteilung ist das dann auch mehr
oder weniger praxisfern."

Am Ende eines Geschäftsjahres sitzen die Führungskräfte schließlich im Jahresgespräch und überlegen sich, wo der Mitarbeiter wohl steht: Note Zwei? Drei?
Zweieinhalb? Was genau heißt denn nun proaktive Kommunikation? Erhält der
Mitarbeiter auf diesem Gebiet ein oder zwei Punkte? Frank Klinkhammer ist überzeugt:

„Alle ärgern sich darüber und sind unzufrieden. Und sie machen es doch jedes Jahr
wieder."

In der Tat zählt das Mitarbeitergespräch zu den wichtigsten Führungsinstrumenten
in österreichischen und deutschen Unternehmen. Personalabteilungen und Trai-
ningsinstitute haben ihre Methoden und Angebote immens verfeinert, um den Führungskräften die Kunst des Feedbacks und der optimalen Gesprächsführung näher
zu bringen.

Das Mitarbeitergespräch als nett verpackte Gehaltsverhandlung
Sämtliche Lern- und Entwicklungsprozesse sind zumeist an den Ausgang eines
Mitarbeitergesprächs gekoppelt. Damit steigen die Erwartungen an dieses im
wahrsten Sinne einmalige Gespräch immens: Was das ganze Jahr über versäumt
wird, muss an einem Termin gelingen: Informationen austauschen, Beziehung
klären, Vertrauen gewinnen, Leistung beurteilen, Gehalt verhandeln. Vor allem
die Kombination – zum Beispiel aus Lernentwicklungsgespräch und Gehaltsverhandlung – steigert die Erwartungshaltung auf beiden Seiten ins Uner-
messliche. Schlimmer noch: Hier wird an der Oberfläche verbunden, was in
Wahrheit völlig getrennt verhandelt wird. Die Gehaltserhöhung folgt oft genug
der Bedeutung des Mitarbeiters für das Unternehmen. Es ist die Verfügbarkeit
ähnlicher Leistungsanbieter am Markt, die seine Verhandlungsposition stärkt oder
schwächt – und nicht seine persönlichen Lernfortschritte innerhalb eines Geschäftsjahres.
    Es macht also gar keinen Sinn, im Mitarbeitergespräch zu versuchen, die Fort-
schritte und Entwicklungsbemühungen einer Mitarbeiterin zu ergründen, um daraus
das Gehalt für die nächsten Monate zu definieren. Viele der von uns befragten
Führungskräfte wollen genau diese Aufgabe deshalb am liebsten gar nicht wahrnehmen. Zum Beispiel Andreas Ollmann:

„Wir möchten dieses Machtinstrument nicht mehr in der Hand haben, dass du entscheiden darfst, wenn jemand zu dir kommt und um mehr Gehalt bittet. Normalerweise läuft das doch so: Da muss jemand vortanzen und begründen, warum er mehr Gehalt für begründet hält. Und als Führungskraft bist du, wenn du nein sagst, immer der böse Onkel."

Deshalb haben es sich Ollmann und seine Kollegen zur Aufgabe gemacht, für mehr Transparenz in der Gehälterfrage zu sorgen und die Teams mehr in die Eigenverantwortung zu nehmen. Vor allem wollen sie den Machtzirkel durchbrechen, der alle Themen wie persönliches Befinden, individuelle Lernkurve, aktueller Projektstatus und monetäre Entlohnung in einem einzigen Gespräch vereint. Viel zu oft werden in klassischen Hierarchien die Reflexion über Erfolge und Misserfolge in direkten Bezug zur eigenen Karriere und zum eigenen Aufstieg gesetzt. Kein Wunder, dass jedes Gespräch dann zum Bewertungsgespräch wird – ob die Führungskräfte wollen oder nicht. Und die Führungskräfte sind dann immer in der Rolle der Bewerter – auch dann, wenn sie eigentlich nur Feedback geben, Information einholen oder eben einfach nur reden möchten.

Je mehr ein Unternehmen auf Selbstorganisation setzt, umso mehr können Führungskräfte sich von der Aufgabe lösen, Mitarbeiterinnen und Mitarbeiter bewerten zu müssen.

Natürlich benötigen auch Mitarbeiter in flachen Hierarchien Feedback. Auch hier wollen Menschen lernen, reflektieren, sich entwickeln und positive Erfahrungen sammeln. Sie wünschen sich jemanden, der Feedback gibt. Aber das Feedback-Gespräch muss nicht Teil einer individuellen Karriereplanung sein. Es muss auch nicht mit einem direkten Vorgesetzten geführt werden. Wie zum Beispiel bei der Datenschutzfirma Praemandatum. Dort werden zweimal im Jahr Feedback-Gespräche durchgeführt. Die Teammitglieder können wählen, mit wem sie die Gespräche führen. In vielen Fällen ist das ganz bewusst nicht der Team-Leader (bei Praemandatum nennen sie sich „Master-Chiefs"). Und das ist für Geschäftsführer Peter Leppelt auch völlig in Ordnung. Für ihn stellen die Gespräche einen „zweiten Kanal" dar, der für das Unternehmen außerordentlich wichtig sei:

„So ein Gespräch zeigt sehr schnell: Wie fühlt sich denn die Person in dem Unternehmen? Wo kneift es? So erhalten wir eine direkte Feedback-Schleife. Und das funktioniert auch. In diesen Gesprächen werden Dinge angesprochen, die sonst lange unter der Oberfläche brodeln würden …"

Und wenn es doch unterschiedliche Karrierestufen und „Ranks" geben soll? Nicht zuletzt, weil der Kunde es wünscht? Auch dann können sich die Führungskräfte entlasten und die Aufgabe den Teams überlassen. So geschieht es zum Beispiel bei Netcentric. Hier entscheidet nicht die Führungskraft über die Beförderung einer Mitarbeiterin auf den nächsten Level, sondern die Kolleginnen und Kollegen eben dieses Levels. Das scheint zu funktionieren. Zumindest arbeitet Netcentric schon seit der Gründung auf diese Art und Weise.

Alle Mitarbeiter bei Netcentric haben einen zugeordneten „Advocat", der Teilaufgaben eines klassischen Managers übernimmt, aber entsprechend den Prinzipien der Selbstorganisation nicht direktiv, sondern begleitend agiert. Dieser Advocat gibt Feedback – insbesondere bei neuen Mitarbeitern – zu der Art und Weise, wie man sich mit dem vielleicht noch ungewohnten Ausmaß an Selbstorganisation zurechtfindet. „So führt man sich selbst – über Feedback", sagt Frank Klinkhammer.

Abgeschafft hat Netcentric das klassische Jahresgespräch, in dem am Jahresende der Manager mit dem Mitarbeiter ein zwanghaftes Gespräch führt und am Ende sinnlose Sachen vereinbart werden. Frank Klinkhammer erläutert uns die Alternativen:

> „Stattdessen durchläuft jeder Mitarbeiter einen ‚Feedback and Appraisal Cycle', der zwölf Monate dauert und vier Peer-Feedbacks sowie weitere Touchpoints enthält. Gemeinsam mit dem Advocat erarbeitet jeder Mitarbeiter einen persönlichen Development-Plan, der fortlaufend mit den Aufgaben in den Kundenprojekten abgeglichen wird."

Peer Reviews in der Wissenschaft

Das Prinzip der Peer Reviews hat sich in der Wissenschaft bewährt und etabliert: Berufungskommissionen für Professuren verlaufen ebenso nach diesem Prinzip wie die Auswahl von Fachaufsätzen für wissenschaftliche Journale und andere Publikationen. In der digitalen Lehre, die es möglich macht, dass Tausende von Studentinnen und Studenten an einem Kurs teilnehmen und eine Prüfung absolvieren, sind Peer Reviews ein ganz wichtiger Bestandteil: Nicht mehr der Professor oder Kursleiter korrigiert und bewertet eine Hausaufgabe. Das tun die Studenten selbst. Jede Studentin, die ihre Hausarbeit einreicht, muss im Gegenzug eine bestimmte Anzahl von Hausarbeiten lesen und nach einem klar vorgegebenen Raster bewerten. Im Gegenzug enthält sie eine Note, die sich aus dem Durchschnitt von mindestens drei Bewertungen durch Studienkolleginnen zusammensetzt.

Die Vorteile, die die neuen Lernportale wie Coursera, Udacity oder Iversity mit ihren großen Online-Vorlesungen (MOOCs = Massive Open Online Courses) erzielen, liegen auf der Hand: Skaleneffekte und selbstgesteuertes Lernen.

Mit Onlinevideos und einer geschickt aufgebauten Lernplattform kann ein Professor mit seiner Vorlesung heutzutage ohne Probleme Hunderttausende von Studentinnen und Studenten erreichen. Allerdings könnte er im Alleingang nicht mal annähernd zehn Prozent der eingereichten Hausarbeiten korrigieren. Die Skalierung lässt sich nur mit Peer Reviews erzielen.

Zugleich gibt das System den Studenten die Möglichkeit, sich intensiv mit dem Lernstoff auseinanderzusetzen, die eigene Leistung selbst einzuschätzen und im Vergleich mit anderen fair zu beurteilen. Das stärkt die Gemeinschaft und vertieft den Lerneffekt.

Peer Reviews im Unternehmensalltag

In gewisser Weise überträgt Netcentric das Modell der Peer Reviews auf den Unternehmensalltag. Das tun bisher nicht viele Unternehmen. Zwar stellt die Technik mit neuen Social-Media-Tools eine bisher unbekannte Fülle an Möglichkeiten zur Verfügung. Aber die Einführung ist alles andere als leicht. Sie erfordert eine Kultur der Zusammenarbeit, die auf Transparenz und Fairness ebenso setzt wie auf Wertschätzung und Reflexion.

Die Führungskräfte entlasten sich in mehrfacher Hinsicht, wenn sie die Bewertung der Mitarbeiterleistung auf die jeweiligen Teams oder Levels übertragen. Natürlich zunächst einmal in zeitlicher Hinsicht. So manche Führungskraft ächt und hadert bereits in klassischen Unternehmen mit der Anzahl der Jahresgespräche, die nicht selten einen Vorgesetzten vom Herbst bis Weihnachten beschäftigen und blockieren. Allein die Erhöhung der Gesprächsanzahl von einem auf zwei pro Jahr pro Mitarbeiter kann dieses System zum Einsturz bringen.

Nicht weniger wichtig sind die psychische Entlastung und die gewonnene Freiheit. Etwas zugespitzt, aber durchaus treffend könnte man formulieren: Führungskräfte müssen weniger bewerten und sanktionieren und gewinnen mehr Zeit und Raum, um zu führen. Bewertung orientiert sich zwangsweise immer an der Vergangenheit. Von dieser Aufgabe befreit können die Führungskräfte ihre volle Kraft und Aufmerksamkeit der Zukunftsgestaltung widmen ...

Und was, wenn die Bewertung der Mitarbeiter durch die Mitarbeiter nicht funktioniert? Wenn Kleinkriege, Egoismen und Subjektivität die Bewertungen bestimmen? Nun, zumindest Letzteres kann durchaus auch bei der Bewertung der Mitarbeiter durch die Führungskraft passieren. Zur Reaktion auf die anderen Zweifel und Bedenken lohnt es sich, auf die Erfahrung mit Peer Reviews an den virtuellen Hochschulen zu schauen: Die Organisatorin der Lernplattform Coursera, Stanford-Professorin Daphne Koller, hat die Zuverlässigkeit der Peer-to-Peer-Bewertungen untersucht. Es hat sich gezeigt, dass die Bewertungen einer Arbeit durch mehrere Studenten ziemlich genau der Bewertung einer Lehrkraft entsprechen. Außerdem: Wenn Studierende sich selbst einschätzen und bewerten, sind sie auch mit dem

Dozenten auf einer Linie (Piech et al. 2013)[3]. Bewertung und Potenzialeinschätzung bedarf also keiner Hierarchie und keines Machtgefüges.

Goodies vom Kollegen: Peer-Recognition-Bonus

Frank Klinkhammer glaubt an die Macht der Peer Reviews. Netcentric geht noch einen Schritt weiter und hat einen Peer-Recognition-Bonus eingeführt. Die Prämie für besondere Leistungen vergibt also nicht mehr der Vorgesetzte. Stattdessen haben jede Mitarbeiterin und jeder Mitarbeiter ein Budget pro Monat zur Verfügung, das sie an Kollegen vergeben können, wenn „etwas Gutes passiert ist". „Wir unterstützen damit die Ausbildung unserer Feedback-Kultur", so Frank Klinkhammer.

Diese Feedback-Kultur will allerdings hart erarbeitet sein. Frank Klinkhammer weist auf ein Problem hin, das nicht von der Hand zu weisen ist: Ehrliches Feedback kostet anfänglich Mühe und Zeit. Beides müssen Mitarbeiter stets zusätzlich zum eigentlichen Arbeitspensum leisten:

> „Wir müssen bei all diesen Regelungen und Aufgaben natürlich auch aufpassen, dass wir die Leute nicht mit zu viel Arbeit überfrachten. Am Ende des Tages wollen wir ja hauptsächlich Software schreiben und Lösungen für unsere Kunden implementieren."

Die gute klassische Hierarchie hatte ja ihre Begründung in der Komplexitätsreduzierung und in der ökonomischen Arbeitsweise. Neue Elemente wie Peer-to-Peer-Feedback und Peer Recognition müssen sich in den neuen Organisationen noch bewähren. Am Ende des Tages wird man sie nicht zuletzt an ihrer Effizienz und Praktikabilität messen.

Die Peer-to-Peer-Bewertung geht relativ unformalisiert vonstatten. Schriftliche Kriterien und Maßstäbe existieren als Rahmen, aber nicht als feste Vorgaben. Frank Klinkhammer macht uns darauf aufmerksam, dass man nach mehrjähriger positiver Erfahrung mit diesem Procedere durchaus eine Kodifizierung erwarten könnte:

> „Zumindest war das meine Erwartungshaltung an die Mitarbeiter. Ich hätte schon gedacht, dass sie in einer Initiative gemeinsam definieren, was die einzelnen Level sind, was sie ausmacht und wo die Grenzen verlaufen. Und das in einer klaren Sprache, die jeder versteht."

So weit ist es bei Netcentric aber noch nicht gekommen. Vielleicht – so unsere Vermutung – würde jede starre Fixierung dem Wunsch nach Agilität widersprechen.

---

[3] Sehenswert auch der TED-Talk von Daphne Koller aus dem Jahr 2012: „What we are learning from online-education".

Oder die Definition ist bereits zu selbstverständlich, zu sehr „Common Sense". Frank Klinkhammer erklärt es uns so:

> „Dafür braucht es dann natürlich jemanden, der die Initiative ergreift. Das wäre dann aber eine Einzelperson – und das wäre ein Widerspruch zum Gemeinschaftsdenken. Das beißt sich dann."

Richtig unglücklich darüber, dass die Mitarbeiter hier anders priorisieren, wirkte er übrigens nicht.

Zusammengefasst

Mitarbeiter bewerten Mitarbeiter

Formales Feedback muss nicht von der Führungskraft stammen, sondern kann auch von Peers kommen. Peer Reviews, Mentoren oder „Advocats" unterstützen den Einzelnen, Selbstorganisation zu lernen und zu leben, Ziele zu erreichen, eigene Stärken und Schwächen zu erkennen und Fortschritte zu erzielen.
Auch vergütungsrelevante Bewertungen durch Peers sind denkbar. Besonders wichtig dabei ist eine Kultur der Zusammenarbeit, die ebenso auf Transparenz und Fairness setzt wie auf Wertschätzung und Reflexion.

Fragen Sie sich selbst:

▶ Gilt in Ihrer Organisation Personalbewertung als Führungsprivileg?
▶ Wie offen, eingeübt und klar definiert ist die Feedback-Kultur?
▶ Wie können Sie Peer Reviews schrittweise einführen und einüben lassen, sodass sie schließlich zum festen Bestandteil Ihrer Unternehmenskultur werden?

2.2.4 Strategie entwickeln

„Das bestehende Managementkonzept in unseren Köpfen ist ja total irrsinnig. Da setzen sich zumeist vier bis fünf Manager zusammen, überlegen sich eine Strategie (wenn sie es denn tun). Diese müssen sie dann wieder ihren Mitarbeitern erklären. Und wenn dann alle das verstanden haben, kann man hoffen, dass es endlich an die Umsetzung geht."
Ayad Al-Ani

Die Bedeutung eines Wortes liegt bekanntlich in seinem Gebrauch. Umso spannender erscheint es uns, dass ein Wort in all unseren Gesprächen sehr selten vorkommt: Strategie.

Natürlich kann man einwenden, dass der Inhalt der Antworten mit dem Inhalt der Fragestellungen korrespondiert. Fragen zur Strategie haben wir nicht explizit gestellt. Aber wir haben nach den Aufgaben, den Herausforderungen und dem Selbstverständnis der Führungskräfte in hierarchischen wie in selbstorganisierenden Organisationen gefragt. Deshalb ist es bemerkenswert, dass so viele Aussagen über die Aufgaben und die Zukunft von Führung ohne das Wort Strategie auskommen.

Selbstverständlich denken unsere Gesprächspartnerinnen und Gesprächspartner strategisch. So wie Wolfgang Niessner, CEO des Logistikunternehmens Gebrüder Weiss, betont, mit „einer klar formulierten kommunizierten Strategie" zu führen. Oder wie Karen Heumann, die zu Protokoll gibt: „Ich bin eine Strategin …"

Strategisches Denken ist sicherlich eine Kernkompetenz einer Führungskraft und wird es immer bleiben. Das bestätigt uns ebenso die Infineon-Vorstandsvorsitzende Sabine Herlitschka, wenn sie sagt, dass strategisches Denken für sie eine der wichtigsten Führungskompetenzen sei.

In fünf Jahren zum digitalen Stahlhändler: „Klöckner 2020"
Auch Klöckner-Vorstand Gisbert Rühl ist Stratege durch und durch. Seine Strategie hat auch einen Namen: „Klöckner 2020". Schritt für Schritt schreitet das Unternehmen mit der digitalen Transformation voran. Mit Siebenmeilenstiefeln: Mittlerweile hat es so viel digitales Know-how angesammelt, dass es als „bevorzugter Partner aus der Stahlindustrie bei branchenübergreifenden Digitalisierungsprojekten" gilt. Seit März 2016 ist der neue Klöckner & Co-Webshop in Deutschland online und soll sukzessive in weiteren Ländern ausgerollt werden. Durch die Verwendung von radikal kundenzentrierten Design-Thinking-Entwicklungsmethoden setzt die Lösung neue Branchenstandards in Bezug auf die Benutzerfreundlichkeit und Usability beim Verkauf von Stahl über das Internet. In einem weiteren Schritt plant Klöckner ab 2017 eine auch für Wettbewerber offene Industrieplattform, mit der die

Produktvielfalt und Preistransparenz für die Kunden weiter erhöht wird. Gleichzeitig erschließt Klöckner & Co sich damit ein zusätzliches Ertragspotenzial, indem Transaktionsgebühren für über die Plattform abgewickelte Geschäfte erhoben werden. Das klingt nicht nach Improvisation, das klingt nach einem Plan.

Flexibilität schlägt Stringenz
Gisbert Rühl hat sich aber viel zu sehr mit Start-ups und mit Design Thinking beschäftigt, um an traditionellen Vorstellungen von strategischer Unternehmensführung festzuhalten. Er weiß um die Unplanbarkeiten, Unwägbarkeiten und Unvorhersehbarkeiten der modernen Businesswelt. Auch in unserem Gespräch nimmt er Bezug auf die Strategie „Klöckner 2020", setzt sie aber in den Kontext einer Welt voller Umbrüche und Disruptionen:

> „Wir haben ganz bewusst ein konkretes Ziel für das Onlinegeschäft ausgegeben. Bis 2019 wollen wir mindestens 50 Prozent unseres Geschäftes online abwickeln. Nach diesem Ziel richten wir uns aus. Ungeachtet dessen müssen wir in der Lage sein, uns schnell auf veränderte Situation einzustellen und genauso pragmatisch wie flexibel zu agieren. Selbst unsere 2020-Strategie, die die großen Ziele vorgibt, ist nicht in Stein gemeißelt und wird immer wieder nachjustiert. Ganz klar!"

Wege entstehen beim Gehen
Wer keine Ziele hat, erreicht auch keine. Dieser markante und beliebte Spruch vieler Managementtrainer hat noch nicht ausgedient. Aber die Ziele werden variabler und weicher. Und die Wege, die Ziele zu erreichen, werden vorab gar nicht mehr definiert. Die Navigationsinstrumente werden zwar immer präziser und komfortabler. Dafür gibt es aber auch mehr Staus und unvorhergesehene Baustellen.

Ganz selbstverständlich wechselt Gisbert Rühl, wenn er über die Strategie „Klöckner 2020" spricht, vom „Ich" zum „Wir". Und er verabschiedet sich von der Vorstellung, als Vorstand von vornhinein eine perfekte Strategie haben zu müssen. Da ist er ganz „Design Thinker". Scheitern ist für ihn keine Katastrophe. Just do it. Wege können auch beim Gehen entstehen.

Dass auch die detaillierten Strategien und Pläne bereits überholt sein können, bevor sie gedruckt sind, hat er aber nicht erst in den bunten Kreativräumen der Design Thinking Schools gelernt. Nichts illustriert die Volatilität und Unberechenbarkeit der neuen Wirtschaftswelt besser als das Auf und Ab des globalen Stahlhandels. „2010 und 2011 hatten wir noch die Vorstellung, hauptsächlich über das Absatzvolumen mit einfacheren Stahlgütern wachsen zu können. Davon sind wir mittlerweile abgerückt – zugunsten von Investitionen in höherwertige Produkte und

Dienstleistungen sowie natürlich Digitalisierung", blickt Rühl zurück. Aber er weiß auch, dass seine Digitalisierungsstrategie immer durch Ausschläge des Weltmarktes auf das Kerngeschäft gefährdet war und ist. Die Menge an Billigstahl, mit der China auf die Weltmärkte drängt, hat Spuren in der Umsatz- und Ergebnisentwicklung hinterlassen und damit den Konzernumbau im Rahmen der Strategie „Klöckner 2020" in Teilen ausgebremst.

„... total irrsinnig"

Es ist ein doppeltes Leid mit der Strategie. Nicht nur, dass jede Strategie ständig Gefahr läuft, durch den Lauf der Ereignisse ad absurdum geführt zu werden. Hat man eine Strategie, die durchaus stimmig, passend und momentan ungefährdet ist, dann dauert es viel zu lang, sie zu kommunizieren und umzusetzen. Der Organisationsforscher Ayad Al-Ani beobachtet das an vielen Fällen:

> „Das bestehende Managementkonzept in unseren Köpfen ist ja total irrsinnig. Da setzen sich zumeist vier bis fünf Manager zusammen, überlegen sich eine Strategie (wenn sie es denn tun). Diese müssen sie dann wieder ihren Mitarbeitern erklären: Erst einmal dem Middle-Management und anschließend in den nächsten Stufen. Und wenn dann alle das verstanden haben, kann man hoffen, dass es endlich an die Umsetzung geht. Und schon ertönt die altbekannte Klage der klassischen Organisationen: Die einen haben angeblich nicht verstanden, was gut für das Unternehmen ist, und die anderen machen etwas anderes, als eigentlich gebraucht würde. Und so weiter und so fort."

Ayad Al-Ani gibt uns als Gegenspiel den US-amerikanischen Softwarehersteller Red Hat mit auf den Weg. „Bei Red Hat kippt die Führung den ganzen Prozess einfach um", so Al-Ani:

> „Die strategischen Initiativen gehen von der Basis aus. Und wenn die erfolgreich sind, dann werden sie vom Management formalisiert. Die Botschaft der Führung an die Mitarbeiter lautet: Ihr macht das, was ihr für richtig haltet. Wir versuchen das dann von der Managementseite her zu begleiten."

Ein typischer Ansatz in der Softwareindustrie und in der Open-Source-Community. Mit Sicherheit ist er nicht auf alle Branchen, Unternehmen und Organisationsformen übertragbar. Allerdings lässt sich feststellen, dass Strategieentwicklung und Strategieverantwortung zunehmend auf mehrere Schultern verteilt werden.

Eine Führungskraft muss heute wie in Zukunft Strategien entwickeln, beurteilen und hinterfragen können. Vor allem muss sie stets die Passung zwischen strategischen Vorgaben und der Unternehmenskultur im Blick haben. Was aber nicht mehr zu ihren Aufgaben, Riten und Erkennungsmerkmalen zählen sollte, ist die Strategieentwicklung im stillen Kämmerlein. Auch die strikte Trennung von Strategie und Taktik, Führung und Management wird zusehends hinfällig. Das entspricht vielleicht nicht den Werbeaussagen vieler MBA-Programme. Gibt aber die Realität in großen und kleinen Unternehmen wieder.

Zusammengefasst

Viele Wege führen zur Strategie

Strategisches Denken ist eine Kernkompetenz von Führungskräften und wird es immer bleiben. Sie müssen auch zukünftig Strategien entwickeln, beurteilen und hinterfragen können. Und die Passung zwischen strategischen Vorgaben und der Unternehmenskultur im Blick haben. Die Zeit der einsamen Strategieentwicklung in den Top-Etagen ist jedoch vorbei. Die langfristige Gültigkeit von Strategien ebenso.

Strategische Ziele werden variabler und weicher. Die Wege, um die Ziele zu erreichen, werden vorab gar nicht mehr definiert, sie entstehen im Gehen.

Immer öfter gehen strategische Initiativen von der Basis aus. Sind sie erfolgreich, werden sie vom Management formalisiert. Die Botschaft der Führung an die Mitarbeiter lautet also: Ihr macht das, was ihr für richtig haltet. Wir versuchen das dann von der Managementseite her zu begleiten.

Fragen Sie sich selbst:
- ▶ Wie viele Jahre können Sie vorausplanen?
- ▶ Wie schwerfällig oder einfach, langsam oder schnell ist die operative Umsetzung nach der Verabschiedung der Strategie?
- ▶ Welche Vorteile kann es bringen, möglichst viele Personen in die strategische Planung einzubeziehen?

2.2.5 Lernen

„Vielleicht haben früher die Entscheidungen das Lernen dominiert, während jetzt das Lernen die Entscheidungen dominiert."
Horst Pirker

Erfahrungen und Routinen verlieren in der VUCA World zunehmend an Bedeutung. Früher war der Erfahrungsschatz einer Führungskraft mitunter das wichtigste Faustpfand für den Unternehmenserfolg: das Wissen, wie der Markt tickt, das Gespür für Kundenbedürfnisse, das dicke Adressbuch mit allen Namen von Entscheidungsträgen und VIPs. All das wird unwichtiger, wenn sich Unternehmen völlig neu erfinden müssen und sich ihre Umwelt in atemberaubendem Tempo wandelt. Man kann seine Kunden und Mitbewerber auch nicht mehr kennen wie seine Westentasche. Gestern waren es schließlich noch gar keine Kunden. Es gibt keinen Stallgeruch mehr.

Früher war es die Aussicht auf Kontinuität und Sicherheit, die viele Führungskräfte bei Amtsantritt mitgebracht haben: das Versprechen, Erfolge aus der Vergangenheit an der neuen Wirkungsstätte zu wiederholen, Erfolgsmuster und bewährte Verfahren erneut in Anwendung bringen zu können. Im digitalen Zeitalter und in der Ära von Industrie 4.0 mutet diese Vorstellung leicht kurios an – wie ein Versuch, mit einer veralteten Software neue Hardware zu Höchstleistungen zu bringen. Das kann nicht funktionieren.

Gewiss, auch in der neuen Welt sind die Erfahrungen der Führungskräfte erfolgsentscheidend. Allerdings nicht Erfahrungen mit Vergangenheitsbezug, die sich im CV dokumentieren lassen. Sondern die Begegnungen und Erkenntnisgewinne, die in der Gegenwart erfahren werden.

„Historisches Wissen erworben durch Zeit ist kein Selbstzweck und generiert keinen Nutzen", ist Oliver Bialowons von Hülsta überzeugt. Trotzdem hält er daran fest, dass eine Führungskraft Erfahrung braucht, um erfolgreich zu sein. Auch in der digitalen Welt, in der sich in wenigen Jahren so viel ändert und die Abläufe und Zusammenhänge nicht mehr mit Routinen aus der Vergangenheit verglichen werden können. Umso wichtiger sind Erfahrungen im Umgang mit Transformation und Wandel:

> „Natürlich brauche ich Erfahrung, wenn ich in der digitalen Welt führen will. Dann gilt es: Habe ich Erfahrungen mit Umbrüchen? Habe ich schon einmal Marktveränderungen miterlebt? Änderung der Lebensbedingungen? Weiß ich, wie ich mit Zufällen umgehen und entsprechend reagieren kann?"

Claudia Dietze von freiheit.com sieht das ähnlich:

„Die Erfahrung einer Führungskraft mag zwar immer noch einen Stellenwert besitzen – aber der ist längst nicht mehr so hoch wie früher. Wenn heute Erfahrung noch wichtig ist, dann vor allem die Erfahrung mit der Arbeit in komplexen Situationen: Zum Beispiel die Erfahrung, wie man in Stresssituationen Ruhe und Überblick behalten kann. Aber Erfahrung im Umgang mit bestimmten Technologien? Die sind viel weniger gefragt. Dazu wandelt sich alles viel zu schnell. Wie schnell lernt man? Wie passt man sein Lernpensum an den Alltag an? Das sind die Fragen, die heute wichtig sind."

Vor hundert Jahren waren etwa achtzig Prozent unseres Wissens durch persönliche Erfahrung bestimmt. In der heutigen Welt basiert Wissen, wie der amerikanische Soziologe Daniel Bell bereits in den siebziger Jahren betont hat, vor allem auf Kommunikation (Bell 1973). Deshalb müssen Führungskräfte – um im Bild zu bleiben – ihre Führungssoftware immer aktualisieren. Genau das ist für viele Führungskräfte immer noch eine merkwürdige Vorstellung.

Als Trainer und Berater kennen wir die gönnerhafte Haltung nur zu gut, mit der gestandene CEOs und Geschäftsführer dem Führungsnachwuchs im Training alles Gute wünschen, um im selben Augenblick mit Blick auf den Terminkalender die eigene Teilnahme leider abzusagen. Entweder mit dem etwas stolzen Hinweis auf die Erfahrung aus vielen Jahren in der Praxis: „Was soll ich im Training noch Neues lernen?" Oder mit einem Schuss Wehmut: „Ja, ich wäre jetzt auch gern im Training – muss aber leider arbeiten."

Nicht nur lernen, um Führungskraft zu werden, sondern lernen, um Führungskraft zu sein

Die gute Nachricht: Die meisten der von uns befragten Führungskräfte haben eine andere Einstellung zum Training und zum Lernen. Sie lernen nicht, um Führungskraft zu werden. Sie lernen, weil sie Führungskraft sind. Sie sind sich bewusst, dass ihnen vielleicht das Studium, vielleicht gute Seminare oder gute Bücher vermittelt haben, wie man Teams anleitet, Aufgaben delegiert und Ziele erreicht. Aber diese Techniken und Tools allein helfen ihnen nicht, die Erfahrungen, die sie und die Gruppe beim Erreichen dieser Ziele gemacht haben, auszuwerten und für die Weiterentwicklung der Organisation zu nutzen. Das geschieht nur durch Lernen – und dieser Prozess endet nie.

Führungskräfte sind „First Learner"

Durch Lernen und Training halten Führungskräfte ihre Organisation wandlungsfähig und agil. Deshalb räumen erfolgreiche Führungskräfte dem Lernen und Trainieren einen großen Teil ihres Zeitbudgets ein. So inspirieren sie Teams und Mitarbeiter. Dazu gehen sie voran und zeigen Präsenz. Ihr klares Bekenntnis und die Priorität, die sie dem Faktor Lernen einräumen, fördern die Lernbereitschaft im Unternehmen. Außerdem können Führungskräfte in ihrer Rolle als „First Learner" sicherstellen, dass alle Lerninhalte und alle Formate nicht bloß das Lernen auf Vorrat unterstützen, sondern konkret am Tun und Handeln im Hier und Jetzt ausgerichtet sind.

Gisbert Rühl hat bei Klöckner eine Vielzahl von Workshops ins Leben gerufen, um das Denken und den Spirit des „Design Thinking" in das Unternehmen zu bringen. „Dieser Prozess dauert natürlich seine Zeit", räumt er ein:

„Das bekommen Sie nicht von heute auf morgen hin."

Vor allem deshalb, weil die Workshops inhaltlich und organisatorisch gut vorbereitet sein wollen.

„Aber der Vorteil ist, dass das am konkreten Thema stattfindet und nicht im luftleeren Raum."

Nichts ist Gisbert Rühl mehr zuwider als „irgendwelche Workshops, wo man zusammensitzt und versucht, anders miteinander umzugehen":

„Das haben wir alles schon einmal gemacht. Da haben wir uns alle rote Bälle zugeschmissen – und am Montag war dann doch alles wieder wie immer."

Die Design-Thinking-Workshops, die kreative Methoden auf konkrete Probleme und aktuelle Projekte anwenden, sind seiner Meinung nach zielführender:

„Hier sieht man, dass sich etwas entwickelt, dass es anders geht. Und diese Mentalität will ich auch auf andere Unternehmensbereiche übertragen."

Sparda-Vorstand Helmut Lind erzählte uns, dass er in den vergangenen zwölf Monaten 24 Tage mit Mitarbeitern in Seminaren verbracht hat:

„Als CEO gehe ich dann jeweils zwei Tage mit ungefähr 25 Mitarbeiterinnen und Mitarbeitern durch die Workshops und bearbeite gemeinsam mit ihnen die Themen Unternehmenskultur und Selbstorganisation."

Persönliche Entwicklung und die Zukunftssicherung sind in diesen Workshops miteinander verwoben. Helmut Lind nennt das: „Unternehmenskultur der Achtsamkeit". Dafür steht er, dafür lebt er. Und er wird nicht müde, gemeinsam mit seinen

Führungskräften an dieser Kultur zu arbeiten und gemeinsam mit ihnen zu lernen. Er ist davon überzeugt, dass er die Organisation nur dann verändern und fit für die Zukunft machen kann, wenn er bei der Selbstorganisation des Einzelnen ansetzt:

> „Veränderung beginnt immer bei mir selbst. Da kann ich tausend Sachen und tausend Dinge drucken und rausschicken, Veränderung beginnt immer bei mir selbst. Und das Zweite ist das Thema: Wie bereiten wir uns auf Zukunft vor?"

Die Vorbereitung auf die Zukunft beginnt auch mit Verabschiedung von alten Gewohnheiten, weiß Oliver Bialowons:

> „Es gibt immer zwei Lernprozesse: den des Neulernens und den des Weglassens von einst Gelerntem. Letzteres ist der schwierigere Prozess."

Weiterbildung stärkt die Unternehmenskultur
Weiterbildung und insbesondere Weiterbildung für Führungskräfte ist Helmut Lind besonders wichtig. Die Seminare sollen eine hohe Breitenwirkung haben und zur Entwicklung des Einzelnen wie zur Stärkung der Unternehmenskultur beitragen. Bei allen Seminaren galt der Grundsatz, dass die Bank die Kosten übernimmt, die Teilnahme jedoch freiwillig und in der Freizeit erfolgt. So will die Sparda-Bank München gewährleisten, dass die Mitarbeiter nur solche Angebote wahrnehmen, die ihnen auch Spaß bereiten und dazu beitragen, ihre Stärken und Talente auszubauen.

Ganz bewusst öffnet Helmut Lind dabei die Grenzen zwischen betrieblichem und privatem Lernen: Die Bank hat die Weiterbildungsangebote, die im ersten Schritt nur die erste Führungsriege angesprochen hatte, auch für stellvertretende Führungskräfte und später für alle Mitarbeiter geöffnet. Sogar Angehörige von Mitarbeitern bekommen die Möglichkeit, an Talentschmiede-Seminaren vergünstigt teilzunehmen, um auf Basis der eigenen Talente Berufswahlentscheidungen zu treffen. Klarer kann ein Bekenntnis zum Lernen als wichtigste Voraussetzung für die Zukunftssicherung kaum sein.

Mit ihrer Einstellung zum Lernen unterstreichen die Führungskräfte auch ihren Abschied vom Alleinvertretungsanspruch einer Führungskraft und räumen dem Kollektiv größere Bedeutung ein. Sie sehen ihre Aufgabe nicht darin, selbst Lösungen und Antworten parat zu haben, sondern vielmehr die Organisation zu befähigen, neue Lösungen zu finden. Das Bekenntnis zum Lernen ist automatisch eine Verabschiedung der Great-Man-Theorie, die Führungskräften Allmacht zuschreibt. Sabine Herlitschka, Vorstandsvorsitzende der Infineon Technologies Austria AG, formuliert es so:

„Ich glaube nicht an die solitäre Führungsperson. Man kann Impulse geben. Die beste Führungskraft ist diejenige, die eigentlich die Anleitung, den Impuls zum Lernen und zur Entwicklung gibt."

Alle mitnehmen – digitale Kluft verhindern

Wie bereits beschrieben ist Klöckner-Manager Gisbert Rühl das Thema Weiterbildung extrem wichtig. Vor allem das Training neuer Kompetenzen, die für die Digitalisierung des Stahlhandels benötigt werden. Dabei denkt er an die Zukunft des Unternehmens. Und an die individuelle Zukunft des Mitarbeiters, die eben gerade durch die Digitalisierung gefährdet ist:

„Es kann durchaus sein, dass durch die Digitalisierung erst einmal Arbeitsplätze wegfallen. Es können natürlich auch neue entstehen, wenn es uns gelingt, Wachstum durch bessere Kundenorientierung zu erzielen. Fest versprechen kann ich das meinen Mitarbeitern aber nicht. Also sagen wir ihnen sehr klar: Die Arbeitswelt wird sich verändern. Und wir helfen euch, den Schritt in diese digitale Welt zu machen. Bei uns könnt ihr ganz konkret an digitalen Themen arbeiten und digitale Kompetenzen erwerben – und zwar besser als bei anderen Unternehmen, die nicht so konsequent auf Digitalisierung setzen."

Gemeinsam mit einem Start-up in Berlin entwickelt Klöckner jetzt Onlinelernangebote für alle Mitarbeiterinnen und Mitarbeiter – auch für diejenigen, die momentan gar nicht mit Themen der Digitalisierung in Berührung sind. Gisbert Rühl macht es sich selbst zur Aufgabe, „alle mitzunehmen":

„Wer bei Klöckner arbeitet, hat die Chance, auch in fünf Jahren noch irgendwo einen Arbeitsplatz zu haben, wenn nicht bei Klöckner, dann eben anderswo – weil er besser in der digitalisierten Welt arbeiten kann als seine Kollegen bei den Wettbewerbern, die die Digitalisierung verschlafen haben."

Gisbert Rühl ist heute 57 Jahre alt und bekleidet seit über 25 Jahren Vorstandsposten. Seine Worte klingen, als ob er sich unmittelbar vor der größten Herausforderung seines Berufslebens befände.

Erst kommt das Lernen und dann …

Auch Medienmanager Horst Pirker ist überzeugt, dass der Wert des Lernens immer mehr zunimmt, während andere Prozesse – zum Beispiel das Entscheiden – immer mehr an Bedeutung verlieren (siehe ► Abschn. 2.2.1):

„Vielleicht haben früher die Entscheidungen das Lernen dominiert, während jetzt das Lernen die Entscheidung dominiert."

Früher, also im Zeitalter der klassischen Hierarchien und der starken Führungskräfte, haben die Chefs über Strategie und die Taktik entschieden. Daraus sind die Inhalte, Aufgaben und Ziele für firmeninterne Trainings abgeleitet worden. Bildung als nachgeleitetes Phänomen: Erst die Strategie, die mittels Bildung umgesetzt werden soll. Horst Pirker ist überzeugt, dass sich diese Reihenfolge langsam, aber sicher umdreht: Weiterbildung, Training und Lernen führen zu Entscheidungen und bringen Taktik und Strategie hervor:

„Die Entscheidung wird zur Dienerin des Lernens. Und vorher war es möglicherweise umgekehrt. Da habe ich gelernt, um zu entscheiden. Und jetzt lerne ich."

Zusammengefasst

Lernen im Unternehmen tritt aus dem Schatten
Durch Lernen und Training halten Führungskräfte ihre Organisation wandlungsfähig und agil. Dabei sind Führungskräfte die „First Learner" und gehen ihren Teams mit gutem Beispiel voran. Sie lernen nicht, um Führungskraft zu werden. Sie lernen, weil sie Führungskraft sind.
Sie werten die Erfahrungen, die sie und die Gruppe beim Erreichen ihrer Ziele gemacht haben, aus und nutzen sie, um die Organisation weiterzuentwickeln. So fördern sie organisationales Lernen.

Fragen Sie sich selbst:
▶ Welche Assoziationen verbinden Sie mit dem Wort Lernen?
▶ Welchen Stellenwert räumen Sie der Weiterbildung und dem Lernen in Ihrem Unternehmen ein?
▶ Welche Lernziele setzen Sie sich? Für sich selbst und für Ihre Organisation? Wie häufig aktualisieren Sie selbst Ihre Führungssoftware?
▶ Gehen Sie als „First Learner" voran? Zeigen Sie anderen, dass und was Sie lernen?
▶ Wie stellen Sie sicher, dass alle Lerninhalte und alle Formate der Weiterbildung im Unternehmen optimal am Tun und Handeln im Hier und Jetzt ausgerichtet sind?

2.2.6   Transparenz und Datensicherheit garantieren

„Ihnen als Führungskraft und den Teams liegt alles vor. Sie können alle Informationen ziehen. Sie können. Müssen Sie das? Nein. Brauchen Sie das? Nein. Was machen Sie mit diesen Informationen?"
Claudia Dietze

Entscheidungsbefugnisse abzugeben sollte Führungskräften eigentlich leichter fallen als früher. Big Data sei Dank: Die Teams können für operative Alltagsentscheidungen auf eine ungeheure Menge an Informationen und Daten zurückgreifen – wenn ihnen diese nicht von den Führungskräften vorenthalten werden.

Zugang zu Informationen ist immer ein Ausdruck von Macht. Claudia Dietze sieht für Führungskräfte die große Herausforderung darin, Informationen zu verteilen, Macht abzugeben und zugleich eine wichtige Schiedsfunktion einzunehmen. Die Führungskraft muss Transparenz nicht nur herstellen und sichern, sondern ihr zugleich auch Grenzen setzen:

„Wir leben in einer Welt, in der wirklich alles transparent wird. Das setzt voraus, dass Führungskräfte ethisch und moralisch gut mit diesen Informationen umgehen." Claudia Dietze schaut dabei auf ihren eigenen Führungsalltag:

„Gerade in einer Technologiefirma, in der im Grunde genommen alles datengeführt gesteuert ist, kann sehr viel gemessen werden. Ihnen als Führungskraft und den Teams liegt alles vor. Sie können alle Informationen ziehen. Sie können. Müssen Sie das? Nein. Brauchen Sie das? Nein. Was machen Sie mit diesen Informationen?"

In jedem IT-System fallen personenbezogene Daten an, die gespeichert und mit den neuen Methoden aus Big Data ausgewertet werden können. Die Ansammlung von Daten – zum Beispiel über Arbeitsabläufe und -geschwindigkeiten – macht für Claudia Dietze aber nur dann Sinn, wenn sie für die Teams zur Verbesserung der eigenen Entscheidungsfähigkeiten führt:

„Selbstverständlich soll jedes Team die komplette Transparenz über sein Handeln und die Erfolgsparameter besitzen. Das heißt aber nicht, dass ich als Führungskraft auf einmal Strippenzieherin für gebündelte Datenpakete werde und freigiebig Informationen verteile."

Die Führungskraft als oberster Datenschutzbeauftragter? So oder so ähnlich. Vermutlich würden viele Führungskräfte auf die Frage nach ihren wichtigsten Aufgaben nicht unbedingt den Datenschutz erwähnen. Vielleicht sollten sie es aber tun –

nicht im Sinne eines operativen Services, sondern im Sinne einer moralischen Instanz: Sie müssen gewährleisten, dass automatisierte Verhaltens- oder Leistungskontrollen und unbegrenzte Möglichkeiten durch Datensammlung nicht zu einer ungewollten Erhöhung des Leistungsdrucks und der Abwertung von Personen und Tätigkeiten führen. Andererseits: Richtig und behutsam angewandt können die Daten viel zur Leistungsverbesserung beitragen. Claudia Dietze meint:

> „Sich selbst an den Ergebnissen zu messen bedeutet auch, sich selbst verbessern zu können."

Datenschutz hat Priorität
Für viele traditionelle Führungskräfte ist es bestimmt eine harte Aufgabe, Führung durch das Gegenteil von Handeln auszuüben: Daten nicht weiterzugeben und die Erfassung nicht voranzutreiben. Dazu bedarf es eines klaren Moral- und Wertemaßstabes. Je leichter es wird, personenbezogene Daten zu sammeln und weiterzugeben, umso mehr werden die Mitarbeiter in diesem Punkt Führung und Verlässlichkeit einfordern. Flache Hierarchien und selbstorganisierende Organisationen sind nämlich nicht zwangsläufig anarchische Systeme, in denen jeder macht, was er will und alle über alle Bescheid wissen.

Selbst die Führungskräfte von Organisationen, die stark auf Selbstorganisation setzen und zum Beispiel zu Fragen der Vergütung bereits eine beachtliche Transparenz geschaffen haben, machen im Gespräch eines deutlich: Die Verpflichtungen zum Datenschutz und zum vertraulichen Umgang mit personenbezogenen Daten der Mitarbeiter nimmt zu. Schon allein deshalb werden Führungskräfte immer eine herausgehobene Position in der Organisation besitzen: in rechtlicher, operativer und moralischer Hinsicht.

Transparente Glaubenssätze: Sollte jeder wissen, was jeder verdient?
Strenger Datenschutz und größtmögliche Transparenz sind für die Führungskräfte, die ihre Organisation zur Selbstorganisation bringen wollen, zugleich Ziele und Begrenzungen. Die Vertreter größerer Konzerne, die wir für dieses Buch interviewt haben, haben die Frage nach der Transparenz der Gehälter klar und deutlich verneint. Zu viele rechtliche, historische und taktische Gründe sprechen dagegen. Bei den Agenturen und kleineren Unternehmen ist das Bild uneinheitlich. Unternehmen wie Premium Cola, Soulbottles, Praemandatum und ExperienceFellow haben klare Gehaltsmodelle, die auch für alle Mitarbeiter einsehbar sind. „Also wir machen da auch überhaupt kein Geheimnis draus ...", sagt zum Beispiel Paul Kupfer von Soulbottles und sieht in der vollen Transparenz mehr Vorteile als Nachteile:

„Wir haben sogar ein Gehaltsgefälle, aber das haben wir komplett gemeinsam im Konsens beschlossen."

Die Agentur Ministry in Hamburg beschreibt sich selbst als auf dem Weg zur Transparenz. Zwar seien die einzelnen Gehaltsposten noch nicht einsehbar, dafür aber alle budgetären Kennzahlen pro Team, in denen auch summierte Gehälter ausgewiesen werden. „Wir möchten als Agentur gerne einmal transparente Gehälter und vor allem transparente Gehaltsfindung haben", sagt Andreas Ollmann, „weil wir als Führungskräfte das Machtinstrument der Gehaltsfrage gar nicht mehr in Händen haben wollen":

„Noch sind wir nicht da. Ich glaube, in Deutschland müssen wir alle noch ein bisschen lernen, mit dieser Transparenz auch umgehen zu können."

Beim Unternehmen Haufe-umantis, das sehr umfassend auf selbstorganisierende Elemente setzt und selbst die höchsten Führungskräfte von der Belegschaft demokratisch wählen lässt, gibt es keine Transparenz der Gehälter. Die Mitarbeiterinnen und Mitarbeiter haben sich dagegen entschieden, wie Manuel Grassler berichtet:

„Bei uns arbeiten ja sehr viele Personen sehr selbstorganisiert. Sie sind also oft gar nicht im Büro, sondern arbeiten zu Hause. Deshalb ist nicht wirklich transparent, was die Leute tun und wie lange sie arbeiten. Deshalb wäre es für andere schwierig zu beurteilen, ob die Gehaltshöhe gerechtfertigt ist oder nicht. Diese Thematik ist noch nicht endgültig geklärt. Darüber müssen wir im Unternehmen noch sprechen. Auch über die Frage, was passiert, wenn ein Mitarbeiter zurücktritt und nicht mehr Führungskraft ist. Folgt der Entscheidung automatisch eine Gehaltsreduktion?"

Festhalten lässt sich, dass in Unternehmen aller Größenordnungen die Suche nach neuen Organisationsformen mit dem Abbau von Informations- und Kommunikationsbarrieren einhergeht. Mehr denn je wird sichtbar. Das fordert die Führungskräfte erheblich: Einerseits müssen sie ein Höchstmaß an Datenschutz gewährleisten. Andererseits soll der Informationsfluss nicht abreißen. Wirklich alle Mitarbeiterinnen und Mitarbeiter sollen über die verschiedensten Themen informiert sein. Transparenz wird zu einer der wichtigsten Aufgaben der Führungskräfte. Und zu einer der größten Herausforderungen.

Zusammengefasst

Datenschutz und Einsatz für Sensibilität im Umgang mit Daten sind Führungsaufgaben

In jedem Unternehmen werden immer mehr personenbezogene Daten generiert. Die Ansammlung von Daten, zum Beispiel über Arbeitsabläufe und -geschwindigkeiten, führt erst zur Transparenz und dann leicht zur Kontrolle. Führungskräfte müssen die Funktion einer moralischen Instanz ausüben und entscheiden, was transparent gemacht wird und wo die Grenzen der Offenheit eingezogen werden. Die Verpflichtung zum Datenschutz und zum vertraulichen Umgang mit personenbezogenen Daten der Mitarbeiter nimmt eher zu als ab. Schon allein deshalb werden Führungskräfte mit einem klaren Moral- und Wertemaßstab immer eine besondere Position in der Organisation besitzen: in rechtlicher, operativer und moralischer Hinsicht.

Fragen Sie sich selbst:

▶ Sind Sie sich der Möglichkeiten und der Risiken der Verarbeitung personenbezogener Daten bewusst?
▶ Welche Aufmerksamkeit erhält Datenschutz in Ihrer Organisation?
▶ Verstehen Sie Datenschutz als Führungsaufgabe?

2.2.7   Prozessgerechtigkeit sichern

„Ich möchte, dass Menschen gleichwertig behandelt werden. Daraus ergibt sich, dass ich nicht möchte, dass jemand über andere Menschen bestimmen kann, nur weil er etwas besitzt."
Uwe Lübbermann

Selbstorganisation bedeutet nicht Anarchie. Mehr Demokratie, Transparenz oder Mitbestimmung im Unternehmen bedeutet nicht, dass alle Prozesse, Regeln und Werte auf Gleichheit beruhen. Kaum einer unserer Gesprächspartnerinnen und Gesprächspartner, die auf Selbstorganisation setzen, gibt Gleichheit als oberstes Ziel an. Ihnen geht es um etwas anderes …

Alle Menschen „gleich-wertig" behandeln
Uwe Lübbermann steht keinem Unternehmen und keiner Gesellschaft vor, sondern ist „zentraler Organisator" des „Kollektivs" Premium Cola, dem grundsätzlich Zu-

lieferer wie Händler, Mitarbeiter wie Kunden angehören können. Das Projekt will „vieles bewusster regeln als die normale Wirtschaft".

Die Kellnerin des Szenerestaurants, in dem wir unser Gespräch führen, hat die Getränke noch nicht gebracht, da beschreibt Uwe Lübbermann bereits, was ihn antreibt:

> „Ich möchte, dass Menschen gleichwertig behandelt werden. Daraus ergibt sich, dass ich nicht möchte, dass jemand über andere Menschen bestimmen kann, nur weil er etwas besitzt, Unternehmer zum Beispiel, oder irgendetwas ist, Vertriebsleiter zum Beispiel. In der Wirtschaft, da muss man einmal ehrlich sein, ist Gleichwertigkeit von Menschen in der Regel kein Thema. Da gibt es Hierarchien, da gibt es Gewinnab-schöpfung, da gibt es Machtspiele – der große Kunde ist wichtiger als der kleine, der interne Partner ist wichtiger als der externe und so weiter. Das ist ganz grundsätzlich aus meiner Sicht eine Parallelwelt."

Dieser Grundsatz der „Gleich-Wertigkeit" bestimmt nicht nur das Denken Uwe Lübbermanns, sondern auch das Handeln seines Kollektivs. Beispiel Anti-Mengen-rabatt: Premium gewährt Rabatt nicht für die Kunden, die große Mengen abnehmen, sondern im Gegenteil für die Abnehmer kleinerer Chargen:

> „Großhändler lassen größere Mengen fahren und verdienen daher je Einheit mehr als kleine Händler. Das ist auch ok so, sie machen ja mehr – einen zusätzlichen Mengen-rabatt brauchen sie dann aber nicht mehr. Im Gegenteil, kleine und neu einsteigende Händler mit höheren Belastungen pro Einheit brauchen einen Anti-Mengenrabatt, um auf vergleichbare Spannen zu kommen."

Klingt verrückt. Ist es vielleicht auch. Aber nicht gefährlich, denn Premium Cola setzt ja ganz bewusst nicht auf Gewinnmaximierung. Da kann man solche Ideen schon einmal umsetzen.

Aber bei allem Kollektiv-, Freibeuter- und Anti-Establishment-Credo, eines be-tont Uwe Lübbermann gleich zu Beginn: „Mir geht es um „Gleich-Wertigkeit", nicht um Gleichheit." Ein wichtiger Unterschied:

> „Ich möchte davon ausgehen, dass Menschen zu 99,5 Prozent gut sind, wenn man ihnen offen und ehrlich entgegentritt. Wenn man sie mitreden lässt. Wenn man sie gleichwertig und dennoch ihren individuellen Eigenschaften gemäß behandelt."

Mit diesem Grundsatz führt Uwe Lübbermann sein Kollektiv bereits seit über vier-zehn Jahren – und ist sowohl zufrieden als auch erfolgreich.

Der Anspruch, Menschen „gleich-wertig" zu behandeln, ist seine Grundlage der Konsensdemokratie und vielleicht eine wesentliche Voraussetzung, dass Strukturen und Prozesse nicht für Machtspielchen, Silodenken und Mikropolitik missbraucht werden.

Faire Entscheidungen

Grundlage für „gleich-wertige" Behandlung der Menschen ist die Prozessgerechtigkeit: Die Mitarbeiterinnen und Mitarbeiter des Unternehmens müssen die Verfahren zur Entscheidungsfindung im Unternehmen als fair empfinden.

So muss bei Premium Cola eine Frage so lange diskutiert werden, bis alle Beteiligten sich entweder einig sind oder einer Lösung zustimmen, mit der sie leben können.

Von den Unternehmen, die wir besucht haben, setzt wohl kein anderes so bewusst und konsequent auf die Konsensdemokratie. Nicht immer und überall werden Entscheidungen einstimmig oder einmütig getroffen. Aber alle Führungskräfte, die wir befragt haben, sehen es als ihre Führungsaufgabe an, die Mitarbeiter so weit wie möglich in Entscheidungsprozesse einzubeziehen. Und sie wollen die Gründe für Entscheidungen offenlegen und Entscheidungsprozesse möglichst transparent gestalten.

Wo Argumente mehr zählen als Positionen

Prozessgerechtigkeit ist ein wesentliches Erfolgsmerkmal der Führungskräfte und der Organisation der Zukunft.

W. Chan Kim und Renée Mauborgne sind als Erfinder der „Blue-Ocean-Strategie" bekannt geworden. Bereits 2003 haben die Insead-Professoren die Bedeutung der Prozessgerechtigkeit als „Fair Process" für Unternehmen der „Knowledge Economy" herausgearbeitet (Kim und Mauborgne 2003, S. 1-11).

Das Beispiel Premium Cola zeigt uns allerdings, dass man Prozessgerechtigkeit keineswegs nur für Wissensarbeiter vordenken und sicherstellen muss. Die Organisationsform von Premium Cola mag außergewöhnlich sein. Das Produkt aber wird auf klassische Weise hergestellt und geliefert.

Gleichwohl wird die Prozessgerechtigkeit in Unternehmen, die auf Innovationen, Ideen und Einsatzbereitschaft insbesondere ihrer Knowledge Worker angewiesen sind, vielleicht umso entscheidender, wie Claudia Dietze von freiheit.com betont:

„Wenn die Teams eines Softwareunternehmens zu neunzig Prozent aus Ingenieuren bestehen, dann prägt das natürlich die Kultur der Diskussion, in der das beste Argument zählt und nicht die Position, die du innehast."

Der Weg zählt

Das gute Argument muss nicht immer den Ausschlag geben, aber es muss zumindest Gehör finden. Kim und Mauborgne haben in ihren Untersuchungen festgestellt, dass es gar nicht entscheidend ist, ob ein Unternehmen demokratisch organisiert ist oder nicht. Die Menschen, insbesondere Wissensarbeiterinnen und Wissensarbeiter, können es erstaunlich gut verkraften, wenn gegen sie entschieden wird. Zumindest dann, wenn sie der Überzeugung sind, dass die Entscheidung fair und nachvollziehbar getroffen wurde. Das Ergebnis einer Entscheidung ist ihnen natürlich wichtig. Aber noch wichtiger ist der Weg zur Entscheidung.

Die umgekehrte Schlussfolgerung ist entsprechend genauso zulässig: Auch dann, wenn Menschen mit dem Ergebnis einer Entscheidung, zum Beispiel über Gehaltserhöhung oder die Beförderung eines Teammitglieds, durchaus einverstanden sind, können sie ziemlich unzufrieden sein, wenn ihnen nicht klar ist, wie und nach welchen Kriterien diese Entscheidung getroffen wurde.

Sozialwissenschaftler und Juristen unterscheiden genau zwischen Verteilungsgerechtigkeit und Prozessgerechtigkeit. Lange Zeit haben Führungskräfte mit einem tayloristischen Weltbild den Schwerpunkt auf die Verteilungsgerechtigkeit gelegt: auf Gehälter, Boni und Prämien. Ihr Menschenbild des Homo Oeconomicus beschreibt die Mitarbeiter als Wesen, die vor allem nach dem eigenen Vorteil streben und deshalb hervorragend mit Gehaltszuschlägen und Prämien zu motivieren sind. Ein Prozess, der alle Beteiligten zu ewigem Wachstum verpflichtet. Mehr Belohnung gibt es nur bei mehr oder besserer Leistung. Dieser Weg kann nur in eine Richtung führen. In die Sackgasse.

Menschen wollen gefragt, gehört, geachtet werden

Vielleicht ist der Weg nicht nur schwer, sondern auch völlig falsch. Vielleicht ist den Menschen nicht der eigene Vorteil am wichtigsten, sondern das Verfahren, wie über diesen Vorteil entschieden wird und Ressourcen verteilt werden. Vielleicht wollen Menschen vor allem gefragt, gehört und geachtet werden.

Kim und Mauborgne glauben daran, dass Mitarbeiterinnen und Mitarbeiter Entscheidungen auch dann akzeptieren, wenn sie nicht unbedingt zu ihren Gunsten ausfallen, solange diese in einem „Fair Process" getroffen werden:

> „People realize that compromises and sacrifices are necessary on the job. They accept the need for short-term personal sacrifices in order to advance the long-term interests of the corporation. Acceptance is conditional, however, hinged as it is on fair process."
> (Kim und Mauborgne 2003, S. 11)

Ein Unternehmen im Notbetrieb
Peter Leppelt und Britta Görtz glauben auch daran. Aus eigener Erfahrung. Es ist noch gar nicht lange her, dass sich bei Praemandatum die Großwetterlage dramatisch verschlechterte. Im achten Jahr des Bestehens hatten sich die überzeugten Datenschützer etwas – so könnte man es vielleicht ausdrücken – verrannt. Die einzelnen Projektgruppen waren voller intrinsischer Motivation und mit so großem Elan für ihre Kunden und Ziele tätig, dass kaum jemand die betriebswirtschaftlich fatale Abhängigkeit von einem Großkunden bemerkte. Ein großer Auftrag ging dann auch prompt und unvermittelt verloren.

Praemandatum schaltete wie ein Raumschiff in den Lieblingsfilmen der Mitarbeiter, die sich selbst stolz als „Nerds" bezeichnen, in den Notbetrieb: „Alle Energie wurde in die ‚Lebenserhaltungssysteme' des Unternehmens gesteckt", berichtet Marketingmanagerin Görtz im Rückblick: „Also mussten sich auch die Kollegen, die zuvor so gar nichts mit diesen Bereichen zu tun hatten, plötzlich um Kunden und Aufträge kümmern." Außerdem mussten drastisch die Kosten heruntergefahren werden. Das Team stimmte ab. Freiwillig weniger Gehalt für jeden, um den Personalabbau möglichst gering zu halten: fünf betriebsbedingte Kündigungen und ein freiwilliges Ausscheiden.

Nach drei Monaten war der Notbetrieb vorbei. Heute merkt man Peter Leppelt und Britta Görtz durchaus noch die Anspannung an, wenn sie über die schwierige Zeit sprechen. Das war kein Kinderspiel. Man ahnt aber auch, dass sie zumindest ein klein wenig stolz darauf sind, dass die unternehmerische Krise ihre Prinzipien und die Organisationsstruktur des Unternehmens, die auf Mitbestimmung und Selbstorganisation setzt, nicht hinweggespült hat. Im Gegenteil. Die Organisationsstruktur hat sich bewährt, weil sie einen fairen Prozess bereitstellen konnte, mit dem harte Entscheidungen und Einschnitte getroffen wurden, die jeder mittragen konnte:

> „Im Notbetrieb mussten wir uns von ganz wichtigen Grundprinzipien vorübergehend verabschieden. Umso wichtiger war es, dass unserer Entscheidung gemeinschaftliche Abstimmungen vorausgegangen sind. Wir alle wussten, was wir taten. Und wir waren uns einig, dass das nur vorübergehend sein sollte und wir zu unseren Prinzipien zurückkehren, sobald wir die Krise gemeistert haben."

Eines dieser Prinzipien war das paritätische Gehalt. „Alle Mitarbeiterinnen und Mitarbeiter über alle Hierarchieebenen hinweg beziehen den gleichen Stundensatz. Es obliegt jeder Mitarbeiterin und jedem Mitarbeiter selbst zu bestimmen, wie lange sie oder er arbeiten möchte." So heißt es dazu in der Satzung von Praemandatum kurz und knapp. Und genau dieses Prinzip wurde in der Krise einvernehmlich eingeschränkt: Zum einen wurde der einheitliche Stundensatz spürbar abgesenkt. Zum anderen wurde die Parität aufgehoben:

> „Wir haben halt ja so die Regel eingeführt, dass jeder auf das verzichtet, auf das er verzichten kann. Der eine hat dann gesagt ‚Okay, ich bin gerade frisch von der Uni, irgendwie Single und habe eine kleine Wohnung. Das heißt, ich kann auf ziemlich viel verzichten. Und der vierfache Familienvater konnte sich naturgemäß nicht so stark einschränken.‘ Das war dann auch für jeden komplett okay."

Drei Monate lang fuhr Praemandatum im Notbetrieb, dann wurde der Stundenlohn wieder angehoben. Neue Kunden haben die Umsatz- und Auftragslücke geschlossen. „In so einem kleinen Unternehmen ist natürlich immer die nächste Krise absehbar", bleibt Peter Leppelt vorsichtig und realistisch. Aber er macht auch kein Hehl daraus, dass die Ausnahmesituation sein kleines Unternehmen eher gestärkt und die Organisationsstruktur mit ihren Spielregeln eher gefestigt hat:

> „Wären wir ein traditionell geführtes Unternehmen, dann hätten wir zwei Drittel der Mitarbeiter entlassen müssen. Das heißt, wir wären dann von rund dreißig auf zehn zurückgeschrumpft. Tatsächlich haben wir es geschafft, ohne großen Personalabbau durch die Krise zu kommen. Nur fünf Mitarbeiter haben uns verlassen. Und die haben die Gelegenheit genutzt, sich weiterzuentwickeln und eine neue Aufgabe wahrzunehmen. Sie wurden also nicht gefeuert. Und das Beste: Nach der Krise haben wir drei der fünf sogar wieder zurückholen können."

Drei Prinzipien für einen fairen Prozess
Kim und Mauborgne haben drei Prinzipien für einen „Fair Process" definiert, die jede Führungskraft beherzigen sollte:

Einbindung (Engagement): Mitarbeiter werden in Entscheidungsprozesse einbezogen, sie können sich einbringen und Ideen hinterfragen, weiterdenken oder ergänzen.

Erklärung (Explanation): Mitarbeiter erfahren nicht nur, wie eine Frage entschieden wurde, sondern auch, welche Gründe zu dieser Entscheidung geführt haben.

Erwartungsklärung (Expectation Clarity): Neue Spielregeln und Verfahrensweisen, die mit einer Entscheidung gesetzt werden, sind klar vermittelt und erlauben rasches Handeln. Leistungsstandards und Kennzahlen sind ebenso definiert wie Konsequenzen bei Nichterreichen etc.

Dieser Dreischritt klingt einleuchtend. Allerdings wird klar, dass von den Führungskräften nicht nur eine klare Haltung und transparente Entscheidungen verlangt werden, sondern auch ein erhebliches Maß an Kommunikationskompetenz (siehe ► Abschn. 2.2.8) und Kommunikationsaufwand. Die Zeit und Energie, die Führungskräfte in die Kommunikation und die Sicherstellung des „Fair Process" investieren, müssen sie an anderer Stelle einsparen. Sonst zerreißt es sie.

Zum Beispiel kann sich eine Führungskraft selbst entlasten, wenn sie sich mehr und mehr aus dem Rekrutierungsprozess zurückzieht. Zugleich steht der Prozess des Team-Recruitings bzw. die Einbeziehung der Mitarbeiter bei der Personalauswahl für den „Fair Process" im klassischen Sinne: Die Mitarbeiter fühlen sich eingebunden. Sie können mitwirken. Sie verstehen, warum eine Personalentscheidung gefällt wird. Sie wissen, wie die neue Kollegin eingesetzt wird und was sie braucht, um erfolgreich zu sein.

Kein Hoheitsanspruch mehr

Für manche Führungskraft mag es ein Lernprozess und eine persönliche Challenge sein, nicht nur eine Entscheidung zu verkünden, sondern auch über den Weg zur Entscheidung zu berichten. Ja, vielleicht fühlt es sich für manchen so an, dass man damit ein Stück der Führungshoheit abtreten muss. Abgesehen davon, dass es in den modernen Organisationsformen, so unterschiedlich sie auch sein mögen, keinen Hoheitsanspruch für Führung mehr gibt, gilt es hier genau zu unterscheiden: Die Erklärung, wie eine Entscheidung zustande kommt, trägt zu Verständnis und Transparenz bei. Sie ist keine Rechtfertigung. Im Gegenteil: Je mehr Führungskräfte ihre Entscheidungsprozesse offenlegen, umso weniger müssen sie rechtfertigen.

Kim und Mauborgne zeigen in ihrem Ansatz auf, dass Mitarbeiterinnen und Mitarbeiter auch dann folgen und hinter einer Entscheidung stehen, wenn ihren Ideen nicht entsprochen wurde. Sie tun es, wenn sie sich sicher sein können, dass sie gehört worden sind und keine intransparenten oder ungerechten Faktoren zur Entscheidung geführt haben.

Mit mehr Prozessgerechtigkeit verlieren Führungskräfte also nicht ihre Bedeutung. Im Gegenteil: Als Wächter über Prozessgerechtigkeit stärken sie ihre Position und ihre Wirkung.

Ralf Heller von der Virtual Identity AG erzählt uns, dass wichtigen Entscheidungen in seinem Unternehmen immer sogenannte „funktionale Absprachen" vorangehen:

> „Bevor ein Prozess oder ein Projekt losgeht, fragen wir uns erst einmal: Wer entscheidet und warum? Dafür gibt es verschiedene Modelle. Entweder entscheidet eine Gruppe im Teilnehmermodus. Hier werden alle Entscheidungen im Konsens getroffen.

Das geht in kleinen Gruppen in aller Regel ganz gut. Bei größeren Gruppen wird das
ein bisschen komplizierter. Hier kann man dann zum Beispiel fishbowlen[4]. Alternativ
entscheidet eine Gruppe im Leitermodus. Hier wird der Entscheider vorgegeben oder
die Gruppe übergibt die Entscheidungsmacht an jemanden innerhalb oder außerhalb
der Gruppe."

Gegen die saubere funktionale Absprache und die wohlüberlegte Wahl der Entscheidungsform sprechen, das räumt auch Ralf Heller freimütig ein, schlicht der Zeitdruck und die Hektik des Alltags. Seine Vermutung: Lediglich bei 30 Prozent der
Entscheidungen bei Virtual Identity findet sich dieses Modell in Reinkultur. Wenn
es nach Ralf Heller ginge, wäre die Zahl sicherlich wesentlich höher. Aber nicht nur
der Zeitdruck macht es so schwierig, den Prozess der Entscheidungsfindung sauber
und detailliert einzuhalten:

> „Die größte Herausforderung liegt übrigens darin, sich die Vorteile der unterschiedli-
> chen Entscheidungsmodelle immer wieder bewusst zu machen und nicht in alte Muster
> zu verfallen und einfach unbewusst dem Alpha einer Gruppe zu folgen ..."

Dabei gibt es auch bei Virtual Identity ganz klassische Entscheidungsmodelle, die
auf Hierarchie und Erfahrung setzen:

> „Natürlich gibt es auch Momente, in denen man sagt: ‚Wir sind alle im Tal der Ah-
> nungslosen, wir wissen nicht, wie es geht. Du hast die meiste Erfahrung, sage du uns,
> wie es geht. Und bitte, entscheide du für uns.'"

Bemerkenswert bleibt, dass diese Entscheidungsform ausdrücklich als eine von
vielen bezeichnet wird:

> „Wir schauen uns immer die Situation an und versuchen dann, das richtige Entschei-
> dungsmodell zu finden."

Umso wichtiger ist es, die Prozessgerechtigkeit kontinuierlich abzusichern. Was
mühsam aufgebaut und eingerichtet wird, kann rasant und schnell eingerissen werden, wie Klaus Schwarzenberger von ExperienceFellow hervorhebt:

> „Wenn ich jetzt hergehen würde und Entscheidungen, die im Team nach bestem Wis-
> sen und Gewissen getroffen worden sind, in bester Top-Down-Manier einfach um-

---

[4] Fishbowlen = Methode der Diskussionsführung in großen Gruppen

schmeißen würde, dann hätte ich die gesamte Moral der Menschen innerhalb von kürzester Zeit ruiniert. In dem Moment, in dem man anfängt, dazwischenzufunken, ist das Thema sofort gegessen."

Zusammengefasst

Gute Führung steht für einen „Fair Process"
Selbstorganisation bedeutet mehr Demokratie, Transparenz oder Mitbestimmung im Unternehmen. Es geht aber in den Prozessen, Regeln und Werten weniger um Gleichheit, sondern vielmehr um „Gleich-Wertigkeit".
Die Grundlage für „gleich-wertige" Behandlung der Menschen ist die Prozessgerechtigkeit: Die Mitarbeiterinnen und Mitarbeiter des Unternehmens müssen die Verfahren zur Entscheidungsfindung im Unternehmen als fair empfinden.
Deshalb müssen Führungskräfte die Mitarbeiter so weit wie möglich in die Entscheidungsprozesse einbeziehen und die Gründe für Entscheidungen offen und transparent gestalten. Das bedeutet auch, die Menschen zu fragen, zu hören und ihre Meinungen und Sichtweisen zu achten.
Die drei grundlegenden Prinzipien eines „Fair Process" lauten:
• Einbindung (Engagement),
• Erklärung (Explanation),
• Erwartungsklärung (Expectation Clarity).

Fragen Sie sich selbst:
▶   Welchen Stellenwert hat „Gleich-Wertigkeit" in der Unternehmenskultur?
▶   Wie hoch wäre der Zeit- und Ressourcenaufwand, um Prozessgerechtigkeit herzustellen?
▶   Wie hoch wäre der Zugewinn an Mitarbeiterzufriedenheit, Engagement und Loyalität?

2.2.8   Kommunizieren

„Wir gehen jetzt offener miteinander um, stellen vorherrschende Denkmuster infrage und vernetzen uns intensiver mit Kollegen aus anderen Abteilungen und Organisationen."
Gisbert Rühl

Die gute alte Informationspyramide hat sich überholt
Manchmal muss man innehalten und genau schauen, was passiert: Wenn die klassische Hierarchiepyramide gemeinhin für etwas steht, dann für Komplexitätsreduktion. Wer an der Spitze der Pyramide steht, muss nicht zeitgleich mit allen sprechen, sondern kann seine Botschaften kaskadieren und sich auf die untergeordneten Abteilungen verlassen. Entsprechend schwer ist es für die unteren Ebenen der Pyramide, in direkten Kontakt mit der obersten Spitze zu gelangen, ohne vorher von den Zwischenebenen abgefangen zu werden. Dieses Bild ist längst überholt.

Auch in klassischen Konzernen, in denen die klassische Pyramide in Fragen der Vergütung, der Verantwortung und der Statusprivilegien noch immer fest verankert ist, laufen die Kommunikationswege längst anders: kreuz und quer.

Wir können immer noch nicht genau ermessen, mit welcher Wucht, Geschwindigkeit und Vehemenz die digitalen und sozialen Medien unseren Arbeitsalltag und die Kommunikationsgewohnheiten verändert haben. Schaut man genauer hin, kann man sich nur wundern, dass die guten alten Pyramiden noch stehen, wenn sie von innen mit völlig neuen Kommunikationskanälen untergraben werden.

Ein Tool wie „Yammer" verändert alles ...
Wie sehr die neuen Kommunikationsmittel ihren Teil dazu beitragen, die Hierarchien abzuflachen und Kommunikationspyramiden auszuhöhlen, haben wir vor allem im Gespräch mit Klöckner-Vorstand Gisbert Rühl merken dürfen. Die Begeisterung war ihm sprichwörtlich ins Gesicht geschrieben, als er uns die Vorzüge des sozialen Netzwerks Yammer, einer Art „geschlossenes Facebook für Unternehmen", schmackhaft machte:

> „Yammer bietet für mich den Riesenvorteil, dass ich nun mit allen Mitarbeitern direkt kommunizieren kann, über alle Hierarchieebenen hinweg. Damit haben wir sämtliche Informationsmonopole geknackt, was die Art der Kommunikation und Zusammenarbeit bei uns im Konzern bereits merklich verändert hat. Wir gehen jetzt offener miteinander um, stellen vorherrschende Denkmuster infrage und vernetzen uns intensiver mit Kollegen aus anderen Abteilungen und Organisationen."

„Das ist ein super Tool", freut sich Gisbert Rühl:

> „Für mich als Vorstand in einer dezentralen Organisation war es ein riesiges Problem, dass das, was ich gesagt habe, bei den Mitarbeitern manchmal gar nicht oder mehrfach gefiltert angekommen ist. Mit Yammer kommen meine Botschaften jetzt direkt und ungefiltert bei den Mitarbeitern an."

Natürlich hat er auch früher schon seine Botschaften an die gesamte Belegschaft richten können: per gedruckter Mitarbeiterzeitung. „Aber die kommt ja nur zwei- bis dreimal im Jahr heraus" und kann daher nur bedingt auf aktuelle Ereignisse eingehen. Mit Yammer sei das anders:

> „Ich kann mich zum Beispiel jetzt gleich nach unserem Gespräch hinsetzen und darüber etwas auf Yammer posten. Das können dann alle Mitarbeiter lesen, die auf der Plattform sind, und sich auf Wunsch direkt in die eigene Sprache übersetzen lassen."

Post aus Davos: an alle
Als Beispiel erzählt Rühl, wie er seine Erkenntnisse und Ideen, die er auf dem Weltwirtschaftsforum Davos sammeln konnte, mit Yammer per Knopfdruck live und in Echtzeit an die gesamte Klöckner-Welt übermittelt hat. Ausgerechnet aus Davos, vom „Elitetreffen in den Bergen", wie die FAZ das Managertreffen einmal nannte. Früher wäre eine Führungskraft vielleicht vom Schweizer Gipfel heimgekommen und hätte vom persönlichen Assistenten ein Memo verfassen lassen, das zunächst an den engsten Führungskreis gegeben worden wäre, um dann irgendwo in der Hierarchie der Pyramide stecken zu bleiben. Ganz anders heute: „Alle sollen das mitbekommen", sagt Rühl.

„Wir müssen einfach schnell sein"
Er ist sich dabei voll und ganz bewusst, dass Yammer nicht nur die Geschwindigkeit und Reichweite der Informationsvermittlung multipliziert, sondern auch die Kommunikationskultur im Konzern geradezu revolutioniert. Der im Design Thinking und Start-up-Denken geschulte Vorstand findet es „richtig gut", dass mehr kommuniziert wird. Und dass auch Vorstände schnelle Ideen, spontane Empfindungen und Wahrnehmungen, die die finale Überprüfung noch gar nicht durchlaufen haben, in Echtzeit absenden:

> „Yammer macht uns schneller."

Yammer wird, da ist sich Gisbert Rühl ganz sicher, sowohl die Schulungskonzepte für die Personalentwicklung als auch die Produktentwicklung völlig verändern. In beiden Bereichen gelte es fortan, mit dem „Minimal Viable Product" rauszugehen – der ersten Lösung, die noch nicht perfekt, aber tragfähig ist:

> „Wir müssen einfach schnell sein. Nicht alles bis ins letzte Detail durchdenken, nicht zehnmal überlegen: Ist es das Richtige? Besser schnell mit einfachen Lösungen zum Kunden gehen und dann im laufenden Betrieb Verbesserungen vornehmen."

Yammer ändert also nicht nur die Art und Weise, wie kommuniziert wird, sondern auch wie gearbeitet und entschieden wird. Der Vorstand selbst wird zum „Minimal Viable Thought Provider", weil er Ideen und Kommentare absetzt, die nicht dreimal von der Kommunikationsabteilung geprüft werden.

Mit der schnellen Kommunikation wird der Vorstand nicht nur menschlicher, sondern auch aktivierender und belebender: Kontakt und Botschaften werden wichtiger als Form und Etikette.

Done is better than perfect
In gewisser Weise spiegelt das neue Kommunikationsverhalten auch das gesamte Managementdenken im Zeichen der Digitalisierung wider, wie es Jens Müffelmann für den Axel-Springer-Konzern beschreibt:

> „Digitale Geschäftsmodelle entwickeln sich mit rasanter Geschwindigkeit. Dementsprechend müssen heutige ‚digitale Entrepreneure' in der Lage sein, sehr schnell auf komplexe Sachverhalte zu reagieren und entsprechende Entscheidungen zu treffen, oftmals gemäß dem Motto ‚done is better than perfect'."

Die direkte Kommunikation kann auch als Angriff auf die Informationsmonopole des mittleren Managements gesehen werden: Früher hatte eine Führungskraft der mittleren Ebene noch die Möglichkeit, die Strategie, die sie von oben empfangen hat, zu deuten und nur das weiterzugeben, was sie für richtig hielt. Das hat Gisbert Rühl oft genug am eigenen Leib erlebt:

> „Da sagt man als CEO etwas und der Niederlassungsleiter gibt nur das weiter, was er selbst für richtig hält – oder verdreht sogar die Aussagen …"

Mit Yammer wird das nun schwieriger.

Allein die Einführung von Yammer ist für Rühl ein Lackmustest für seine Maximen der schnellen und barrierefreien Kommunikation und der Trial-and-Error-Kultur:

> „Nach einer nur zweiwöchigen Testphase haben wir Yammer konzernweit ausgerollt und erst während des Roll-outs ein ganz schmales Regelwerk aufgestellt. Den Fokus bei der Roll-out-Kommunikation haben wir auf mögliche Anwendungsfelder und die vielen Vorteile der Plattform gelegt. Das hat sehr gut funktioniert. Heute ist Yammer das Hauptkommunikationsmittel im Konzern."

Früher hätte sich vorab ein ganzes Team überlegt, wie ein komplexes Regelwerk mit Richtlinien aussehen müsste, bevor das Projekt endlich hätte gestartet werden können. „Und jetzt machen wir es einfach umgekehrt", freut sich Rühl:

> „Wir probieren es einfach aus und fahren damit wirklich gut."

Übrigens: Die mancherorts geäußerten Bedenken, dass die Mitarbeiter einen Großteil ihrer Arbeitszeit mit dem Austausch von privaten Urlaubsfotos verbringen würden, hätten sich in keiner Weise bestätigt: „Nein, nein, die nutzen das schon geschäftlich", sagt Rühl und fügt mit feiner Ironie in der Stimme hinzu: „Die Mitarbeiter sind meist noch klüger, als man denkt …"

Anfangen ist gut. Ausprobieren auch. Nachbessern nicht minder. Einig waren sich die von uns befragten Führungskräfte in der Bedeutung einer barrierefreien Kommunikation, in der Informationen frei fließen können. Und sie sehen die Führungskräfte in der Pflicht, diesen Informationsfluss zu ermöglichen.

Zusammengefasst

Neue Führung setzt auf offene und schnelle Kommunikation

Neue Medien steigern nicht nur das Tempo der Kommunikation, sie verändern auch die Unternehmenskultur. Jeder kann jeden in Echtzeit erreichen.

Damit wandeln sich auch der Tenor und der Stil der Kommunikation: Mitteilungen im Firmenintranet oder auf anderen Kanälen werden kürzer und spontaner. Auch das baut Hierarchien ab: Vorstände und Top-Führungskräfte verzichten ebenso auf redaktionelle Unterstützung und die Korrektur ihrer Beiträge durch Dritte wie alle anderen auch. So verliert die Kommunikation des Vorstands oder Geschäftsführers seinen Verkündigungsduktus: Was gesagt oder geschrieben wird, kann in Echtzeit kommentiert, korrigiert oder widerrufen werden. Die Kommunikation wird lebendiger, offener und freier.

Fragen Sie sich selbst:
- ▶ Wie vertraut sind Sie im Umgang mit sozialen Medien?
- ▶ Welche Ihrer Erfahrungen mit sozialen Medien lassen sich für Führungsaufgaben nutzen?
- ▶ Wie schwer oder leicht fällt Ihnen der Dialog über soziale Medien?
- ▶ Wie gewissenhaft sind Sie bei Ihren Kommunikationsaufgaben? Wie gut können Sie sich mit der Devise „Better done than perfect" anfreunden?

2.2.9 Gesundheit schützen

„Für mich ist es einer der größten Herausforderungen, mich selbst auf ein halbwegs normales Maß an Arbeitszeit und Arbeitsbelastung herunterzuziehen, damit unsere Leute diese Freiheit auch wirklich haben und sie nicht nur auf dem Papier steht."
Klaus Schwarzenberger

Die von uns befragten Führungskräfte reden bereitwillig und gern über sich, ihre Unternehmen und ihre Mitarbeiterinnen und Mitarbeiter. Sie sprechen auch über ihre Befürchtungen und Ängste. Eine Angst indes ist allen fremd: Niemand fürchtet, die Mitarbeiter könnten unmotiviert sein oder zu wenig arbeiten. Ganz im Gegenteil. Viele Führungskräfte sehen die Überarbeitung ihrer Mitarbeiterinnen und Mitarbeiter und Stress und Burn-out-Symptome als eine der Hauptgefahren für die Mitarbeiter selbst wie für die Unternehmen. Dies gilt vor allem für hochgradig selbstorganisierende Unternehmen, wie Manuel Grassler von der Haufe-umantis AG feststellt:

„Viele Führungskräfte haben Angst vor der Einführung der Selbstorganisation, weil sie glauben, nicht mehr kontrollieren zu können, wie viel die Mitarbeiter arbeiten. Dabei gibt es gar kein Problem mit Minderarbeit. Der soziale Druck, der über ein soziales Netzwerk in der Organisation entsteht, ist nämlich immens höher als in klassischen Hierarchien. Zu einem Vorgesetzten in einer klassischen disziplinarischen Beziehung kann ich leicht einmal sagen: ‚Du, nein, ich habe jetzt genug gearbeitet, das kann ich jetzt nicht noch mit übernehmen.' Aber einem Arbeitskollegen, der auf meine Arbeit angewiesen ist, kann ich das nicht so leicht sagen. Und so schaukelt man sich gegenseitig in der High-Performance-Organisation auch hoch. Das ist schon ein Ding. Und das ist natürlich auch der Plan dahinter."

Gesundheit ist für alle unserer Gesprächspartner ein hohes Gut. Und sie wissen auch: Der Einfluss von Führung spielt eine entscheidende Rolle, wenn es darum geht, die Gesundheit der Mitarbeiterinnen und Mitarbeiter zu erhalten. Damit sind sie im Einklang mit 1.079 Managerinnen und Managern, die 2014 für den Hernstein Management Report befragt worden sind. Ein Großteil der Befragten in Österreich und Deutschland ist davon überzeugt, fit zu sein, selbst mit gutem Vorbild voranzugehen und gesund zu führen.

Insbesondere das obere Management ist der Ansicht, eine gesunde Führungskultur vorzuleben. Gleichzeitig vermissen das untere und mittlere Management ein gesundheitsorientiertes Verhalten seitens ihrer Vorgesetzten. 42 Prozent der Führungskräfte erklären, dass ihre jeweilige Vorgesetzte oder ihr jeweiliger Vorgesetzter nicht ausreichend auf ihr körperliches und psychisches Wohlbefinden Rücksicht nimmt.

Davor Sertic, Geschäftsführer von UnitCargo, achtet sehr auf Gesundheit. Sport ist für ihn alles andere als eine Nebensache. Der mehrfache Marathonläufer und Mountainbiker glaubt an einen Zusammenhang zwischen häufiger Bewegung und ständigem Erfolg:

„Menschen, die Sport treiben, sind anders. Die denken anders, sind einfach ehrgeiziger. In Situationen, wo andere denken, es geht nicht mehr, glauben sie an sich und kommen groß raus. Alleine das Training und die Bereitschaft, sich zu quälen, schärfen meine Gedanken, schärfen meinen Charakter. Sport ist wichtig, für eine Führungsperson. Ausgedient hat derjenige, der 20 Schnitzel isst und raucht und Alkohol trinkt. So würde man das körperlich gar nicht schaffen. Führungsverantwortung ist nämlich Hochleistungssport."

„Heute ist eher das Scheitern die Regel als das Gelingen"

Führung ist Hochleistungssport. Eine starke Aussage und eine bekannte Metapher. Wer kennt nicht die Buchcover und Anzeigenmotive, die Manager auf dem Siegertreppchen, beim Staffellauf oder beim Hochsprung zeigen. Dieses Bild von Führung ist uns seit Jahrzehnten bekannt. Und doch glauben wir herauszuhören, dass sich der Ton gewandelt hat. Wenn Führungskräfte sich auf Sport und Spitzensport beziehen, dann tun sie es mit Blick auf die Gesundheit und Gesunderhaltung. Sport dient vornehmlich dem Ausgleich und dem Training der eigenen Stärken. Der Gedanke des Siegens und Besiegens tritt in den Hintergrund. Fast kommt es einem so vor, als wenn das Siegen gar nicht mehr auf der Agenda steht. „Heute ist eher das Scheitern die Regel als das Gelingen", meint Ralf Heller von der Agentur Virtual Identity ganz nüchtern. Und in dieser Aussage steckt keine Spur von Resignation.

Viele unserer Gesprächspartnerinnen und Gesprächspartner haben nach den unterschiedlichsten Erfahrungen in Großkonzernen ihr eigenes Unternehmen gegründet: zum Beispiel als bewussten Gegenentwurf zu den Organisationen, die auf starre Hierarchien und eingebauten Wachstumsdruck setzen. Sie wollen eine Organisation etablieren, die den Mitarbeitern mehr Gestaltungsmöglichkeiten und Mitbestimmung bietet. Sie haben eine gesundheitsfreundlichere Arbeitsumgebung im Blick, in der die physischen und psychischen Belastungen geringer sind als in der alten Welt, in der Überstunden, Zeitdruck und psychischer Stress an der Tagesordnung sind.

„Leider gibt es viele Unternehmen, in denen lauter ausgebrannte Leute jeden Abend Überstunden schieben – geführt von Leuten, die sich überhaupt nicht darum kümmern", meint Andreas Ollmann von der Hamburger Agentur Ministry und geht mit seiner Zunft äußerst hart ins Gericht – vor allem mit den Führungskräften in der Werbebranche:

> „Viele Führungskräfte haben keine Empathie für die Menschen und ihre Bedürfnisse entwickelt. Die interessieren sich nur für das Ergebnis, das Kreativprodukt. Da entsteht dann schnell eine Kultur, in der die Devise gilt: Nur der ist wirklich gut, der möglichst lange im Büro sitzt."

Bei den Inhabern gebe es zumeist auch wenig Interesse, diese Zustände zu ändern, die Beziehung zum Kunden anders zu gestalten, sodass die Nacht- und Extraschichten für die Belegschaft nicht mehr auf der Tagesordnung stehen müssen. So könne es eben schnell passieren, dass eine Agentur „vom Dienstleister zum Dienstboten" degeneriere. Und dann träten eben die Vorgesetzten regelmäßig ihren Teams mit den Worten gegenüber: „Der Kunde will es morgen früh, also müssen wir Nachtschichten einlegen und morgen früh liefern." Die Ironie dabei: „Keiner fragt dann noch, warum das eigentlich so sein muss …" Im Gegenteil, Nachtschichten gehören fast zum guten Ton der Agenturszene.

Kreativität wächst nicht auf Bäumen
Bei Ministry soll es anders gehen. Der Anlass, sich mit agilen Prozessen und selbststeuernder Organisation zu beschäftigen, war eine einfache Frage:

> „Wie schaffen wir es, saubere Prozesse ein- und aufzuziehen, die es uns ermöglichen, nicht bis neun oder elf Uhr abends arbeiten zu müssen, sondern um 18:00 Uhr gehen zu können?"

Warum dieser Eifer, es anders zu machen als andere Agenturen?

„Nicht weil wir uns ‚Gutmensch' auf den Arm tätowiert haben, sondern weil wir wissen, dass wir unseren Kunden Kreativität verkaufen. Und Kreativität wächst nun mal nicht auf Bäumen."

Kreativität ist eine endliche Ressource. „Kreativität muss ich immer wieder aufladen", ist Ollmann überzeugt. Leider wäre es in der Agenturszene durchaus üblich, dass in „kreativen Hotshops" die jungen aufstrebenden Talente „sich selbst entladen wie ein Akku" und schon mit jungen Jahren in ein tiefes Leistungsloch fallen. Die Führungskräfte stellen dann verwundert fest: „Als Juniorkraft war der doch richtig gut, und jetzt produziert er nur noch Mist …"

Um diese Tiefenentladung des kreativen Personals zu vermeiden, braucht eine Agentur Ollmann zufolge gute Prozesse und gute Strukturen. Und ganz wichtig: „Sie muss auch die Kunden mit ins Boot holen." Nur so könne es einer Agentur gelingen, dass die Menschen, in die sie so viel investiert haben, produktiv bleiben können.

Andreas Ollmann kommt aus der Softwareindustrie, und da weiß man: Je länger man arbeitet, desto höher ist die Fehlerquote:

„Wenn aus Übermüdung aus einem Komma ein Semikolon wird, dann hat die Software schnell einen Bug, den ich dann drei Tage später stunden- und tagelang suchen werde. Und das nur, weil ich um zwei Uhr nachts noch programmiert habe."

In kreativen und gestalterischen Jobs passieren die Fehler vielleicht weniger konkret, sind aber vielleicht noch schwerwiegender, wie Andreas Ollmann feststellt:

„Da merke ich dann nur selbst: Mir fallen keine guten Ideen mehr ein und mein Layout ist irgendwie doof. Diese Fehler sind schwieriger zu identifizieren. Aber sie sind trotzdem da."

Der Faustische Pakt: Seele gegen Karriere

Viele Kreativagenturen würden diesen Qualitätsverlust gar nicht bemerken, weil sie noch viel zu sehr in der „Sicht der achtziger Jahre auf die Welt" verhaftet seien:

„Die glauben immer noch, dass sie Leute mit einem gewissen Sex-Appeal anziehen können. Denen bieten Agenturen mit gutem Branding dann einen Faustischen Pakt an: ‚Gib du mir dein Leben, ich gebe dir meinen Namen für deinen Lebenslauf. Und wenn du es tatsächlich überstehen solltest, kannst du auch ein bisschen hochrücken.'"

Dass Andreas Ollmann und R. David Cummins es anders machen wollen, führen sie selbst darauf zurück, dass Ministry auch eine Softwarefirma ist. Unter anderem vertreibt die Agentur ein Tool für Online Advertising Development. Und in der Tat ähneln ihre Beobachtungen, ihre Schlüsse und ihre Ansprüche, es anders zu machen, fast wortgenau den Schilderungen anderer Führungskräfte der Softwarebranche.

Klaus Schwarzenberger, Gründer von ExperienceFellow, ist in die Selbstständigkeit gegangen, weil er nicht mehr einsehen konnte und wollte, „dass strikte, rigorose Regeln in irgendeiner Form zu einem produktiven Unternehmen führen". In seiner Agentur will er mit seinen Mitstreitern „das Gegenteil beweisen" – „in der Hoffnung, dass sich da irgendwann einmal etwas bewegt."

Wertschätzung des humanen Arbeitspensums
Eine der ersten Amtshandlungen war die Abschaffung der Zeiterfassung und die Wertschätzung des humanen Arbeitspensums. Vor allem für sich selbst. Denn der „Fisch fängt immer am Kopf an, zu ...":

> „Wir drei Gründer mussten uns selbst eingestehen, dass wir es uns kaum trauten, den Laptop herunterzufahren, wenn wir in einer Woche nicht mindestens sechzig Stunden gearbeitet haben. Das sehen und spüren natürlich unsere Leute und beginnen uns nachzueifern. Und das ist nicht gut."

Also haben Klaus Schwarzenberger und seine Gründerkollegen angefangen, mittags die Arbeit ganz bewusst für Sport zu unterbrechen – oder erst mittags ins Büro zu kommen, weil am Vormittag hervorragendes Skiwetter gewesen ist. „Wir versuchen, es so offen wie möglich zu machen."

Es geht also – wieder einmal – um die Vorbildfunktion:

> „Wenn wir es selber nicht tun und die Flexibilität der Arbeitszeiten nutzen, tut es der Mitarbeiter auch nicht."

Das eigene Zeitmanagement und das Vorleben einer Arbeitseinstellung, mit der man sich selbst vor Überlastung schützt, ist alles andere als einfach. Schließlich sind Führungskräfte zeitlich und mental über alle Maßen gefordert. Vor allem in Krisenzeiten und Restrukturierungen. Hülsta-Chef Oliver Bialowons ist in diesem Punkt ganz klar:

> „Als Führungskraft haben Sie nur eine Wahl: Sie können Ihren Job entweder zu 250 Prozent oder zu null Prozent ausführen. Man kann kein DiMiDo-Geschäftsführer sein, der nur von Dienstag bis Donnerstag verfügbar ist."

Vertrauensarbeitszeit statt 40-Stunden-Woche

Bei ExperienceFellow gibt es das klare Prinzip der Vertrauensarbeit – oder, wie Klaus Schwarzenberger es nennt, das „Prinzip der freiwilligen Zeiteinteilung":

> „Alle können und sollen tun, was wir als Gründer auch machen: Wenn ich merke, ich brauche heute einen freien Tag, an dem ich zu Hause auf der Couch aus irgendeinem Grund produktiver bin als im Büro, dann mache ich das einfach und schreibe es halt kurz den anderen."

Die 40-Stunden-Woche ist abgeschafft:

> „Wenn jemand in einer Woche brutal produktiv war und merkt, jetzt geht nichts mehr – auch wenn er erst 34 oder 35 Stunden gearbeitet hat, dann sagen wir: ‚Geh nach Hause und habe einen schönen Nachmittag.' Wir fragen uns lieber: ‚War es ein Tag guter Arbeit?' Und nicht: ‚Habe ich auch ausreichend Stunden im Büro verbracht?' Wir als Führungskräfte müssen den Leuten einfach auch sagen: ‚Wir wissen, es gibt stressigere Zeiten.' Und dafür soll es auch Phasen geben, in denen wir einfach sagen: ‚Okay, heute bin ich zufrieden mit dem, was ich geschafft habe, egal, ob das jetzt nach sechs, nach acht oder nach zehn Stunden am Tag der Fall ist.'"

Die Flexibilisierung der Arbeitszeiten und der Abschied von der Präsenzkultur werden sich vielleicht einmal in der Rückschau als eine der wichtigsten und sichtbarsten Veränderungen der Arbeitskultur im frühen 21. Jahrhundert erweisen. In unseren Gesprächen fällt uns immer wieder auf, dass die Führungskräfte diese neue Freiheit vor allem als Anspruch an sich selbst begreifen, den Mitarbeitern den neuen Umgang mit Zeit vorzuleben.

Kommen und Gehen für alle

Flexibles Kommen und Gehen gilt nicht mehr als Privileg, sondern als gleicher Anspruch für alle. Und als Verpflichtung für den verantwortungsvollen Umgang mit den eigenen Ressourcen, wie Klaus Schwarzenberger betont:

> „Das ist ein Anspruch an sich selbst, der beileibe nicht immer einfach zu erfüllen ist. Für mich ist es eine der größten Herausforderungen, mich selbst auf ein halbwegs normales Maß an Arbeitszeit und Arbeitsbelastung herunterzuziehen, damit unsere Leute diese Freiheit auch wirklich haben und sie nicht nur auf dem Papier steht."

Die Anforderung an Führungskräfte, den verantwortungsvollen Umgang mit der Zeit vorzuleben, kann gar nicht hoch genug eingeschätzt werden. Leider gibt es noch viele Faktoren, die Führungskräfte daran hindern, sie anzunehmen und auszufüllen. Manchmal ist es der fehlende Wille oder das fehlende Bewusstsein für eigene Antreiber, das einen zur Stundenmaximierung und Selbstausbeutung treibt. Oder es sind echte oder vermeintliche Erwartungen der Umwelt, die ihre Wirkungen nicht verfehlen: Die Erwartungen der Kunden, der Aufsichtsräte und nicht zuletzt die Erwartungen der Mitarbeiterinnen und Mitarbeiter verhindern den pünktlichen Dienstschluss oder die Auszeit am Nachmittag.

„Sonst frisst es einen auf …"
Die Führungskräfte sehen es nicht nur als ihre Aufgabe, für die Einhaltung der Arbeitszeiten zu sorgen. Ihr Fürsorgeanspruch geht weiter und hat auch die Gefahr durch psychische Belastungen im Blick.

Britta Görtz von Praemandatum denkt zum Beispiel an die psychische Belastung, die sich durch die umfassende Beschäftigung mit dem sensiblen Thema Datensicherheit ergibt:

> „Datenschutz, Privatsphäre, Datensicherheit, das Thema kann man wirklich in ethische, moralische, politische Geflechte weiterspinnen. Und wer das Buch einmal aufgeklappt hat und da reingeschaut hat, der vergisst das so schnell nicht mehr und trägt vieles mit sich herum. Das Weltbild verändert sich, wenn man bei Praemandatum arbeitet. Das ist wirklich so. Es ist nicht so leicht, mit den Erkenntnissen umzugehen, wenn man einen Einblick bekommen hat, wie unsere Welt in mancher Beziehung tickt. Man muss lernen, damit umzugehen. Sonst frisst es einen auf."

Darüber hinaus müssen Führungskräfte auch einen Blick auf den Energieeinsatz der Teammitglieder haben: den „Umgang mit dem eigenen Anspruch, die volle Energie ins Unternehmen zu stecken." Führungskräfte wie Britta Görtz und Peter Leppelt sprechen nicht darüber, ob und wie sie Mitarbeiter motivieren und antreiben müssen. So wie Davor Sertic erzählt, dass insbesondere Sportler erfolgreich sind, weil sie selbst in scheinbar ausweglosen Situationen nicht aufgeben, hebt auch Peter Leppelt hervor, dass es ebenso die Aufgabe einer Führungskraft ist, die Menschen vor ihrem eigenen Ehrgeiz zu bewahren:

> „Und Rückschläge zu verkraften, das wird auch immer wieder sportlich. Insbesondere wenn man jung ist und am Anfang seiner Karriere gerade von der Universität kommt, und das noch nicht gelernt hat. Mit Rückschlägen umgehen muss man lernen. Irgendwann lernt man das schon. Aber dieses Lernen sollte nicht in jungen Jahren mit aller Gewalt passieren."

Zusammengefasst

Führungskraft sein heißt Vorbild sein und die eigene Belastung steuern
Führungskräfte definieren es nicht oder nicht mehr als ihre Aufgabe, Mitarbeiter zu motivieren oder deren Leistung zu steigern. Diese Verantwortung geben sie ab oder nehmen sie gar nicht erst an.

Dagegen sehen sie es durchaus als ihre Aufgabe an, eine Arbeitsumgebung zu schaffen, die vor psychischer und physischer Belastung schützt. Sie wissen genau: Nur wenn sie selbst die eigene Belastung steuern, handeln auch die Mitarbeiterinnen und Mitarbeiter entsprechend. Ihre Rücksicht auf die eigene Gesundheit hat Vorbildwirkung und ist Führungsaufgabe.

Fragen Sie sich selbst:

▶   Nehmen Sie sich Auszeiten bewusst und für alle sichtbar? Wenn nicht: Was spricht dagegen?

▶   Fördert Ihre Organisation gesundheitsförderndes Verhalten? Oder toleriert sie gesundheitsschädliches Verhalten?

▶   Fördern Sie gesundheitsförderndes Verhalten aktiv? Zum Beispiel durch klar definierte Pausen, Mittagessen in Ruhe, Respekt der Privatsphäre?

2.2.10 Verantwortung tragen

„Salopp gesagt: Wenn wir den Wagen jetzt an die Wand fahren,
sind wir alle dafür verantwortlich. "
Paul Kupfer

In unseren Gesprächen haben wir über vieles gesprochen, was Führungskräfte jetzt oder in Zukunft nicht mehr tun sollen oder wollen: Personal einstellen, Personal bewerten, Entscheidungen treffen. Das sind schon gewaltige tektonische Verschiebungen auf der mentalen Landkarte einer Führungskraft. Eines sollen sie aber nach wie vor: die Verantwortung tragen. Auf den ersten Blick klingt das natürlich zynisch. Betrachten wir daher dieses Aufgabenfeld etwas genauer.

Verantwortlich sind Führungskräfte vor allem dann, wenn sie Geschäftsführer oder Vorstände sind: Sie haften. Sie sind verpflichtet, die Geschäfte mit der Sorgfalt eines ehrbaren Kaufmanns zu führen und Schaden vom Unternehmen abzuwenden. Es spielt keine Rolle, wie sehr eine Organisation auf Selbstorganisation setzt: Nach

geltendem Recht haben Vorstände und Geschäftsführer stets den Vorteil der Gesellschaft zu wahren und diese vor Schaden zu schützen. Zwar steht ihnen ein Ermes-
sensspielraum zu, der auch das Eingehen vertretbarer Risiken umfasst. Die Frage,
ob eine Handlung noch von diesem Ermessen gedeckt ist oder ob ein Verstoß gegen
die Sorgfaltspflichten vorliegt, hat jedoch schon so manche Gerichte beschäftigt ...

Rechtlich gesehen kann ein geschäftlicher Misserfolg durchaus im Rahmen der
Entschließungsfreiheit liegen, wenn der Manager alle zugrundeliegenden Umstän-
de sorgfältig geprüft hat. Die Justiz räumt Führungskräften also durchaus das Recht
ein, ein gewisses Risiko einzugehen. Und dieses Risiko gehen viele Führungskräfte mit ihren Unternehmen ganz bewusst ein, wenn sie auf Digitalisierung setzen und
groß angelegte Change-Projekte in schnellem Tempo durchführen, sodass kein
Stein auf dem anderen bleibt. Jede Führungskraft muss sich allerdings darüber im
Klaren sein, dass ein gewisses Haftungsrisiko niemals ausgeschlossen werden kann.
Da hilft auch kein Manifest. Selbst wenn es sich Unternehmensverfassung nennt.

Unsere Gesprächspartner aus Start-ups, die sich kompromisslos auf das Prinzip
der Selbstorganisation eingestellt haben, legen beim Hinweis auf die Geschäftsfüh-
rerhaftung die Stirn in Falten. Insbesondere diejenigen, die in Personalunion Gesellschafter ihres jungen Unternehmens sind. Sie können sich im schlimmsten Fall der
Fälle als Gesellschafter nicht auf die beschränkte Haftung der GmbH berufen, wenn
ihnen Vernachlässigung ihrer Geschäftsführerpflichten nachgewiesen werden kann.

„Das System hat nicht unbedingt mit etwas wie uns gerechnet. Das heißt, wir
müssen uns dem natürlich auch entsprechend unterwerfen," stellt Peter Leppelt von
Praemandatum seufzend fest. Also hat auch Praemandatum persönlich haftende
Geschäftsführer. „Das wird nach innen aber nicht so gelebt", setzt er schnell hinzu.
Nach innen gilt die Satzung von Praemandatum:

„Geschäfts- und Bereichsführungen begreifen sich als Dienstleister innerhalb
des Unternehmens und sind jederzeit durch die Mitarbeiterinnen und Mitarbeiter
absetzbar."

Nach innen teilt sich Peter Leppelt die Verantwortung mit drei Bereichsleitern:
„Die persönliche Haftung ist mein Problem, weil ich mir das tatsächlich so zusam-
mengebastelt habe." Dass er mit dieser besonderen Bürde außer der Haftung automatisch eine hervorgehobene Position erhalte, glaubt er nicht. Die Satzung sei
wichtiger als die Position des Geschäftsführers. So ist für ihn die persönliche Haftung in gewissem Sinne dann wieder doch geteilt. Zumindest hat er das Gefühl, dass
er die Last nicht allein schultern muss. Er hat schlicht und einfach Vertrauen:

> „Ich glaube schon, dass das ein jeder vollständig verstanden hat, was da für mich
> dranhängt. Das ist ja auch ein Aspekt unserer grundsätzlichen Transparenz bei Prae-
> mandatum: Alle Zahlen sind für jeden Mitarbeiter einsehbar. Und natürlich kennt dann

halt jeder meine persönliche Situation. Und das zu ignorieren hat bis jetzt, glaube ich, noch keiner geschafft."

Self-Ownership

Paul Kupfer, Gründer, Mitgesellschafter und Geschäftsführer von Soulbottles, sieht bei dem Thema noch erheblichen Gesprächsbedarf. Er wünscht sich mehr „Self-Ownership", also auch Beteiligung an Anteilen, Risiko und Gewinn für die Mitarbeiter:

> „Der nächste Schritt zum wirklich selbstorganisierenden Unternehmen wäre Self-Ownership. Das Unternehmen soll auch denen gehören, die da arbeiten. Warum sollen sie nicht auch Nutznießer sein …"

So weit ist es aber auch bei Soulbottles noch nicht. Formal gesehen hat das Unternehmen zwei Geschäftsführer: Diese dürfen Verträge schließen, Prokura erteilen, das Unternehmen vertreten und vieles mehr. Theoretisch können sie auch entscheiden, von heute auf morgen auf Selbstorganisation als Organisationsmodell zu verzichten und starre Hierarchien einzuführen. Formal tragen sie die letzte Verantwortung. „Genau das fand ich schon immer ein bisschen schwierig", erzählt uns Paul Kupfer und erläutert sein Unbehagen an einem Beispiel aus dem vergangenen Jahr:

> „Zur Zwischenfinanzierung hatten wir einen Kredit aufgenommen. Natürlich enthielt der Vertrag auch eine Klausel zur selbstschuldnerischen Haftung. Das war auch völlig in Ordnung für mich. Andererseits denke ich mir halt schon: Jetzt trage ich hier schon noch ein gutes Stück mehr Risiko als alle anderen, aber ich habe dadurch gar keinen Benefit."

Paul Kupfer nähert sich dem Teilhabegedanken also aus umgekehrter Richtung. Er spricht nicht nur über Teilhabe an Gewinn und Erfolg, sondern auch über Teilhabe am Risiko:

> „Salopp gesagt: Wenn wir den Wagen jetzt an die Wand fahren, sind wir alle dafür verantwortlich. Das Risiko tragen wir doch bei uns gemeinsam, warum soll ich gegenüber der Bank als Einziger haften?"

Deshalb wünscht sich Paul Kupfer „coolere" und rechtssichere Lösungen des Problems:

> „Das wäre etwas, was wir dringend in unserer Gesellschaft bräuchten: die Möglichkeit, eine Firma einfach und leicht in die Hände der Mitarbeiter zu geben."

Spannend wäre natürlich dann die Frage, welche und wie viele Mitarbeiter von dieser Option Gebrauch machen würden.

Verantwortung für Gründe

Schuldnerische Haftung ist nur ein Aspekt der Verantwortung. Da ist auch noch die Verantwortung gegenüber Kunden, Partnern und Gesellschaftern. Und gegenüber der Gesellschaft. Bleibt die Frage: Wie kann eine Führungskraft Verantwortung übernehmen für Vorgänge, Ergebnisse und Prozesse, wenn sie selbst immer weniger entscheidet? Nähern wir uns dieser Frage einmal aus der philosophischen Perspektive.

Julian Nida-Rümelins Ansatz der „strukturellen Rationalität" (2011) ist ein Gegenentwurf zum klassischen Mittel-Zweck-Denken, demzufolge ein Individuum nur dann Entscheidungskompetenz an die Gemeinschaft abgibt, wenn es einen persönlichen Vorteil hat.

Julian Nida-Rümelin geht davon aus, dass jede vernünftige Handlung in einen größeren Rahmen des Verhaltens, der individuellen Lebensform und der gesellschaftlichen Kooperation eingebunden ist.

Menschliches Verhalten hat immer Gründe. Für dieses Verhalten sind wir verantwortlich. Oder besser gesagt: für die Gründe, die diesem Verhalten zugrunde liegen. Deshalb können wir auch Entscheidungen an die Gruppe abgeben, sie dennoch mittragen und dafür auch die Verantwortung übernehmen: sogar dann, wenn wir im konkreten Fall selbst anders entschieden hätten.

Das funktioniert genau dann, wenn es einen Gemeinschaftsrahmen gibt, der Gründe für alle Handlungen und Entscheidungen definiert und vorgibt. Julian Nida-Rümelin beschreibt das Phänomen der „kooperativen Verantwortung" so:

> „Kooperative Verantwortung beruht auf den spezifischen Gründen, die die kooperative Person für ihre Beteiligung an einer kooperativen Praxis hat. Diese Gründe beziehen sich nicht auf die kausalen Wirkungen einer eigenen Handlung, sondern auf die Gründe, die für kollektive (kooperative) Handlung sprechen. Die Gründe, die für die kollektive Handlung sprechen, übertragen sich dann auf die Gründe für meine kollektive Handlung, weil diese Teil der betreffenden kooperativen Praxis sind." (Nida-Rümelin 2011, S. 126)

Das heißt für Führungskräfte: Es gilt die Rahmenbedingungen herzustellen, dass das Handeln und das Entscheiden von Führungskräften wie von Mitarbeitern von gemeinsamen Gründen abgeleitet werden kann. Genau das ist gelebtes Compliance-Management. Und genau das ist Arbeit am Purpose, die wir in einem eigenen Kapitel beschreiben (vgl. ▶ Abschn. 2.2.11).

Den egozentrischen Standpunkt überwinden

Es bleibt Aufgabe der Führungskräfte, sicherzustellen, dass Handlungen und Entscheidungen im Unternehmen im Einklang mit den Werten und der strukturellen Rationalität stehen.

Der Weg, die gemeinsamen Gründe zu definieren, ist mühevoll. Und damit ist die Arbeit noch nicht getan: Natürlich bleibt es kontinuierliche Aufgabe, die Werte und Gründe mit dem täglichen Tun im Unternehmensalltag abzugleichen. Neue Mitarbeiterinnen und Mitarbeiter müssen eingewiesen und einbezogen werden. Das alles kostet Kraft und Ressourcen. Aber es ist ureigentliche Führungsaufgabe, die auch dann nicht weniger wichtig wird, wenn die Führungskraft mehr und mehr Entscheidungen abgibt. Dazu brauchen die Führungskräfte ein kooperatives Führungsverständnis:

> „Kooperative Praxis kann nur dann gelingen, wenn die beteiligten Individuen ihren egozentrischen Standpunkt überwinden. Sie müssen ihr eigenes Handeln als konstitutiven Teil einer kollektiven, kooperativen Praxis ansehen. Die leitenden Intentionen sind dann auf das Gelingen dieser kooperativen Praxis und nicht auf die Folgen des eigenen Handelns gerichtet." (Nida-Rümelin 2011, S. 123)

Bemerkenswert: Aus Sicht des Philosophen Nida-Rümelin lässt sich das Handeln in Korporationen „– jedenfalls zu einem großen Teil – als kooperatives Handeln begreifen":

> „Korporationen haben Erfolg, sofern ihre Mitglieder zu kooperativem Handeln bereit sind, kooperativ motiviert sind." (Nida-Rümelin 2011, S. 136)

Das wiederum bedeutet für Führungskräfte: Sie können sich nicht einfach auf die Verantwortung des Unternehmens berufen. Sie müssen vielmehr kontinuierlich an den Rahmenbedingungen arbeiten, die es dem Einzelnen ermöglichen, kooperativ zu handeln. Tayloristische Ansätze, die den Einzelnen mit Belohnung und Bestrafung und mit Command-and-Control-Taktik führen wollen, scheitern gerade deshalb, weil sie zum Zusammenbruch der Kooperationsbeziehungen führen.

Wenn diese Kooperationsbeziehungen fehlen, wird das Unternehmen als Ganzes seiner Verantwortung nicht gerecht. Was das heißt, lässt sich am Beispiel der Abgasskandale in der Automobilindustrie, und beileibe nicht nur dort, wunderbar illustrieren.

Zusammengefasst

Führung übernimmt Verantwortung für Gründe

Führungskräfte tragen nach wie vor Verantwortung. Vorstände und Geschäftsführer sind gesetzlich verpflichtet, den Vorteil der Gesellschaft zu wahren und vor Schaden zu schützen. Dafür sind sie verantwortlich. Wenn sie künftig immer seltener Entscheidungen treffen, Personal einstellen und bewerten, wird der Daseinszweck oder Purpose als die gemeinsame Grundlage für alles Handeln in der Organisation immer wichtiger. Führungskräfte müssen also für die Rahmenbedingungen sorgen, dass das Handeln und Entscheiden von Führungskräften und Mitarbeitern von gemeinsamen Gründen abgeleitet wird. Sie übernehmen Verantwortung für die Gründe, die das Verhalten der Mitarbeiter bestimmen. Auf diese Weise können sie Entscheidungen an die Gruppe abgeben und weiterhin Verantwortung tragen. Auch dann, wenn sie im konkreten Fall selbst anders entschieden hätten.

Fragen Sie sich selbst:

▶ Wie schwer oder leicht fällt es Ihnen, Verantwortung zu übernehmen, wenn Sie nicht alle Detailentscheidungen selbst treffen können?

▶ Ist in Ihrem Team die Relation zwischen Entscheidungen und Verantwortung klar geregelt? Können alle die Regeln mittragen?

2.2.11 Sinn stiften: Purpose definieren

„Wir müssen den Purpose erst definieren, um uns dann darauf hin bewegen zu können. Dann braucht es nicht mehr die singuläre Führungskraft, die Ansagen macht. Die Ansagen kommen quasi aus dem System heraus."
Britta Bibel-Cavallaro

Brian Robertson, der Entwickler von Holacracy, schafft es in Workshops und Trainings immer wieder, sein Publikum zu verblüffen. Da sitzen die Teilnehmer im Halbkreis und sind gespannt und neugierig darauf, alles über alte und neue Organisationsformen, Unternehmensführung und Entscheidungsprozesse zu hören. Robertson aber fängt ganz anders an. Er fragt die Teilnehmer nach ihren Hoffnungen, Zielen, Wünschen und Sehnsüchten, die sie für das Unternehmen empfinden. Seiner

Erfahrung nach ist es immer ein starker Moment voller Inspiration, wenn alle nach einer kurzen Reflexionszeit ehrlich, offen, ambitioniert und voller Gefühl ihre Absichten und Wünsche präsentieren. Und dann lässt Robertson die Bombe platzen. „Soll ich Ihnen mal verraten, was die größten Hindernisse sind, die einem Unternehmen beim Erreichen seiner Ziele entgegenstehen?" Natürlich nicken alle. „Genau das alles, was wir gerade gehört haben: Ihre Ziele, Wünsche und Hoffnungen ..." (Robertson 2015, S. 31 ff.)

Viele Teilnehmer sind im ersten Moment perplex, können aber nachvollziehen, worum es Brian Robertson geht. Oft sind es die Wünsche und durchaus gut gemeinten Absichten der Einzelnen, die der Entwicklung und der Entdeckung einer gemeinsamen Bestimmung im Wege stehen. Robertson vergleicht das Dilemma mit einem missglückten Eltern-Kind-Verhältnis: Oft projizieren Eltern viel zu viel eigene Wünsche und Hoffnungen auf das Kind. Das hat es dann entsprechend schwer, seinen eigenen Ruf zu hören und seinen eigenen Weg zu gehen. Vielleicht ein etwas pathetischer Vergleich. Aber er beschreibt das Dilemma recht gut.

Umso wichtiger ist es, den Daseinszweck eines Unternehmens zu entdecken, offenzulegen oder (neu) zu definieren: die Raison d'être. Oder, wie man es spätestens seit dem Einzug der Holacracy-Praktizierer in die Organisationsberatungsszene nennt: den Purpose.

Von der Mission zum Purpose

Das Buzzword Purpose hat gute Chancen, die einst so hoch angesehenen Begriffe Mission und Vision aus dem Sprachgebrauch von Managern und Führungskräften zu verdrängen.

Purpose klingt eingängig, gut und gefällig. Hinter dem Wandel von der Mission zum Purpose steckt aber mehr als Mode. Purpose beschreibt Sinn, Zweck und Ziel eines jeden Unternehmens. Seine Definition macht es dem Unternehmer leichter, stimmige Entscheidungen zu treffen, unverwechselbar zu werden und eine eigene Kultur zu entwickeln.

Ambitioniert, aber austauschbar

Vision und Mission gehören zum Unternehmen wie Website und Steuernummer. Das haben wir gelernt und verinnerlicht. Warum nur kommt beim Lesen der Mission-Statements auf Websites und in Geschäftsberichten diese Langeweile auf? Vielleicht weil die Texte von externen Profis entworfen und geschliffen worden sind und deshalb anders klingen, als in den Büros und Gängen gesprochen wird. Auch wenn viele Unternehmen sich die Mühe gemacht und die Absichtserklärungen im Gruppenprozess erarbeitet haben, klingen sie oft abstrakt und wirklichkeitsfern. In erster Linie liegt es daran, dass Mission und Vision immer strategiegetrieben sind. Da heißt es dann, man wolle der erste Ansprechpartner sein, in neue Märkte eintreten, Kunden und Mitarbeitende erfolgreich machen, neue Produkte auf dem Markt platzieren und natürlich Wachstum sichern. Kein Wunder, dass bei so vielen ambitionierten Aussagen die Gefahr der Beliebigkeit recht groß ist. Alle glücklich formulierten Vision- und Mission-Statements sind einander ähnlich, jedes unglücklich formulierte Statement ist unglücklich auf seine Weise.

Spötter meinen, dass die Austauschbarkeit der Mission-Statements geradezu erforderlich sei, um neuen Mitarbeiterinnen und Mitarbeitern, die von Konkurrenzunternehmen kommen, einen übergangslosen Start zu ermöglichen. Fehlende Alleinstellungsmerkmale sind aber gar nicht das Hauptübel vieler Mission- und Vision-Statements. Der Fehler liegt tiefer: Sie setzen zu oft ambitionierte strategische Ziele und setzen auf kontinuierliche Verbesserung. Aber sie geben keine Antwort auf die Frage, warum denn all das der Mühe wert sein soll.

Oft liegt die eigentliche Motivation im Alltäglichen
Arbeiten an und Arbeiten mit Vision und Mission dienen zuallererst der strategischen Ausrichtung eines Unternehmens. Als schriftliche Fixierung sind sie ja zumeist stolzes Resultat eines Workshops, Zirkels oder Prozesses. Aber die Frage sei erlaubt: Wie steht es um die Haltbarkeit der Strategien in Zeiten des permanenten Wandels? Wird das Fahren auf Sicht nicht zur Regel? Welche Orientierung können und wollen die Statements dann geben?

Vision- und Mission-Statements künden stets vom selbstbewussten Optimismus. Der Blick ist nach vorne gerichtet, das definierte Ziel ist ambitioniert. Wer keine Ziele hat, erreicht auch nichts. Wer eine Mission hat, dem kann der Erfolg nicht so leicht verwehrt werden. Aber mal ehrlich: Manchmal wollen wir doch morgens einfach nur aufstehen, frühstücken und unserer Arbeit nachgehen. Und das alles, ohne neue Wege zu beschreiten, nach bestmöglicher Effizienz und Produktivität zu streben oder eine führende Position einnehmen zu wollen. Es mag ketzerisch klingen, aber Mitarbeiterinnen und Mitarbeiter sind oft bis in die Fingerspitzen motiviert, obwohl oder gerade weil sie nicht an ein Nah- oder Fernziel denken oder irgendetwas werden wollen. Wir alle arbeiten dann mit Freude und Elan, wenn wir den Sinn unserer Tätigkeit unmittelbar spüren: wenn wir im Hier und Jetzt erleben, dass unsere Arbeit einen Unterschied macht; wenn sie einen Gegenstand veredelt, einem Menschen hilft oder einen Prozess beschleunigt. Dieses Verlangen lässt sich ganz gut mit dem englischen Begriff „Purpose" beschreiben.

Antwort auf die Frage: Warum?
Für Purpose gibt es keine eindeutige deutsche Übersetzung. Man muss schon auf Wortbündel zurückgreifen: Zweck, Ziel und Absicht. Man kann auch sagen: Purpo-

se fügt den Mission- und Vision-Statements eine klare Antwort auf die Frage „Warum?" hinzu. Diese Antwort ist einfach, unmittelbar und oft erstaunlich unambitioniert. Aaron Hurst hat für sein Buch „The Purpose Economy" (2014) Hunderte von Menschen befragt, was ihnen tägliche Erfüllung bei der Arbeit gibt. Die meisten führen gute Gespräche an. Sie nennen Beispiele, wie sie etwas Neues ausprobiert und es geschafft haben. Klar, manche sprechen von Momenten, die eine große Wirkung hatten. Aber die meisten Beispiele sind banaler: das Glück, jemandem bei seiner Arbeit zu helfen oder zu sehen, wie ein Kunde oder ein Partner etwas machen kann, was er bisher nicht konnte.

Bezug zur Welt

Nahezu alle Führungskräfte, mit denen wir gesprochen haben, betonen den Wert und die Bedeutung des Purpose, auch wenn sie dabei nicht immer den Modebegriff in den Mund genommen haben. Ihr Unternehmen hat einen klar definierten Core Purpose. Führung bedeutet für sie zumeist, die Rahmenbedingungen zu schaffen, dass dieser Core Purpose bestmöglich verwirklicht werden kann. Die Zeiten, in denen ein Unternehmen sich selbst genug sein kann und seine Daseinsberechtigung im Erfolg suchen und finden kann, scheinen vorbei zu sein.

Während Mission und Vision noch ganz im Sinne des Shareholder-Value-Konzepts der achtziger Jahre stehen und zumeist auch mit Blick auf die Shareholder getextet wurden, stellt Purpose die Organisation immer in Bezug zur Welt.

Die Internet-Community „responsive.org" möchte den Wandel zu neuen Denk- und Arbeitsprozessen beschleunigen. Wie der Wandel gelingen kann, lässt sich am besten auf den Punkt bringen, wenn das Wort Profit durch Purpose ersetzt wird:

> „In der Vergangenheit war es das Ziel vieler Organisationen, wirtschaftlichen Mehrwert für Shareholder oder Besitzer zu erzielen. Mit anderen Worten: Geld machen – und das sehr oft mit sehr kurzem Zeithorizont. Viele Unternehmen waren damit auf ihre Weise erfolgreich. Der Erfolg wurde allerdings teuer erkauft: mit dem abnehmenden Vertrauen der Öffentlichkeit in die Organisationen, kürzere Lebensdauer der Organisationen, rasant sinkendem Engagement der Mitarbeiter und massiver Schädigungen der Umwelt, in der wir leben.
>
> Heute erwarten die Menschen von den Unternehmen, dass sie ein Ziel verfolgen, das größer ist, als Geld zu verdienen. Fortschrittliche Führungskräfte sehen Profit nicht als das Ziel ihrer Bemühungen, sondern als das Nebenprodukt ihres Erfolgs. Sie wollen gut sein, indem sie Gutes tun. Der klare und visionäre Unternehmenszweck (Purpose) vereint atemberaubende Talente, engagierte Shareholder, Partner und Gemeinschaften." (Manifesto)

... ein Purpose, der größer als das eigene Bankkonto ist

Für Britta Bibel-Cavallaro, Group Head of Compliance & Sustainability bei OC Oerlikon, ist der Purpose zentral für das Wirken einer Führungskraft. Sie fasst es kurz und bündig zusammen:

> „Die ideale Führungskraft verfolgt einen Purpose, der größer als ihr eigenes Bankkonto ist und der dazu beiträgt, die großen Probleme der Welt zu lösen."

Oder Praemandatum: eine kleine Firma mit großem Purpose. Insbesondere hat sich Praemandatum den Schutz der Bürger- und Freiheitsrechte auf die Fahnen geschrieben. Zum Beispiel durch „die Wiederherstellung und Sicherstellung individueller Autonomie, die Aufklärung über sowie die Entwicklung und/oder Empfehlung geeigneter Werkzeuge, die freie Bereitstellung aller im Unternehmen erstellten Werkzeuge und Wissenssammlungen im Sinne freier Software und freien Wissens ..."

Kein Wort über Märkte, Produkte, Positionierung. „Zusammengefasst geht es uns um die Förderung der individuellen Freiheit", bringt es Peter Leppelt im Gespräch auf den Punkt. Er möchte nicht falsch verstanden werden. Die Satzung soll auf keinen Fall in irgendeiner Form Sektencharakter annehmen. Aber dass in der Satzung eine gehörige Portion Idealismus steckt, gibt er unumwunden zu:

> „Die Satzung kodifiziert nicht nur, wie wir arbeiten, sondern auch, wofür wir arbeiten. Alles andere ist nicht festgelegt und lässt sich daraus ableiten."

Der betriebswirtschaftliche Nutzen manifestiert sich für Leppelt zum Beispiel in der Personalakquise: Das Unternehmen zeigt genau die Art von Mitarbeitern an, die sich Praemandatum wünscht und die Praemandatum braucht.

Arbeiten für die besten Rezepte der Natur

Ein ganz anderes Beispiel: Die Sonnentor Kräuterhandels GmbH wurde 1988 von Johannes Gutmann im Waldviertel in Niederösterreich gegründet. Ausgangsidee war, bäuerliche Bio-Spezialitäten zu sammeln und unter dem Logo der lachenden Sonne überregional und international zu vermarkten. Heute hat das Unternehmen mit Sitz in Sprögnitz bei Zwettl 260 Mitarbeiter in Österreich, 90 in Tschechien und exportiert seine Produkte in über 50 Länder rund um den Globus. Die ersten Sätze der Unternehmensphilosophie lauten:

> „Wir von Sonnentor glauben fest daran, dass in der Natur die besten Rezepte für ein schönes und langes Leben liegen. Dafür arbeiten wir. Davon leben wir. Und wir glau-

ben, dass die biologische Landwirtschaft die einzige Alternative zu den Folgen von Monokultur und Überproduktion ist."

Der Purpose eines Unternehmens muss nicht ausgeprägt altruistisch, weltverbesserisch oder gar politisch sein. Allerdings: Der Nutzen für die Welt oder zumindest für die Kunden sollte in diesem Statement eher eine Rolle spielen als die gewünschte Größe oder der gewünschte materielle Erfolg des Unternehmens.

Google sagt über sich kurz und knapp:

> „Das Ziel von Google ist es, die Informationen der Welt zu organisieren und für alle zu jeder Zeit zugänglich und nutzbar zu machen."

Ein Purpose, der groß genug ist, um viele neue Ideen abzuleiten. Und Googles Marktführerschaft kommt in dem Statement überhaupt nicht vor. Das muss sie auch nicht: Der Purpose spricht für sich.

Bekenntnis zum Kerngeschäft und zu den Firmenwerten

Davor Sertic hat sein Logistikunternehmen UnitCargo 2004 im Keller seines Wohnhauses gegründet. Das Kernprodukt ist die internationale Logistik. Als Nischenplayer hat sich UnitCargo insbesondere auf dem Korridor Skandinavien – Zentral- und Südosteuropa etabliert. Heute erwirtschaften 65 Mitarbeiterinnen und Mitarbeiter 27 Millionen Euro Umsatz im Jahr.

Rückblickend sieht der Unternehmer eine Unternehmenskrise im Jahr 2010 als wichtigen Einschnitt und eine Art Katalysator an. Zu diesem Zeitpunkt verzeichnete das Unternehmen einen erheblichen Personalabgang. „Wir mussten uns also redlich überlegen, was wir falsch gemacht haben und was wir besser machen können", so Sertic.

Davor Sertic macht heute zwei Faktoren aus, die das Unternehmen auf die Erfolgsspur gebracht haben. Erstens: das „kompromisslose Bekenntnis zum Kerngeschäft des Unternehmens: Straßentransporte". Zweitens: „die Herausarbeitung der Firmenwerte", die Davor Sertic bis heute Orientierung geben:

> „Man verläuft sich oft in einer Branche und denkt, man muss überall dabei sein, wo man Geld verdienen kann. Wenn man sich bewusst ist über das, was man will mit seinem Unternehmen, was man bewirken will, kommt der Erfolg ganz von selbst."

Das Wiener Unternehmen Tele-Haase entwickelt Steuerungs- und Überwachungslösungen für die Industrie- und Energiebranche. Auf seiner Website verspricht es: „TELE entwickelt und produziert Lösungen für eine bessere Welt." Ein großes

Versprechen, das aber schnell Bezug zu den Services des Unternehmens findet. So heißt es in der Unternehmensbroschüre:

„Als Spezialist für hochwertige Industrieelektronik, von Überwachungs- und Zeitrelais, über Leistungselektronik bis zum Netz- und Anlagenschutz, tragen unsere Lösungen zu mehr Sicherheit bei. Zu mehr Verlässlichkeit. Und zu mehr Effizienz und Nachhaltigkeit."

Unternehmensverfassung seit 1967: Die Essentials von Axel Springer
Unternehmensverfassungen und Purpose-Statements sind weder eine Erfindung von Brian Robertson noch von irgendwelchen Start-ups. Der Gedanke, dass der Kern eines Unternehmens mehr und anders fassbar sein muss als die angestrebten finanziellen Kennzahlen, ist alles andere als neu.

Bekannt und legendär sind zum Beispiel die Essentials von Axel Springer, die seit fast fünfzig Jahren fester Bestandteil jedes Journalistenvertrages aus dem Hause Springer sind. Die Essentials wurden 1967 von Axel Springer formuliert, nach der Wiedervereinigung 1990 geändert und unter dem Eindruck der Anschläge des 11. September 2001 ergänzt. „Das unbedingte Eintreten für den freiheitlichen Rechtsstaat Deutschland als Mitglied der westlichen Staatengemeinschaft und die Förderung der Einigungsbemühungen der Völker Europas" zählt ebenso zu den Essentials wie das „Herbeiführen einer Aussöhnung zwischen Juden und Deutschen". 2016 hat der Vorstand der Axel Springer SE angesichts der zunehmenden Internationalisierung des Unternehmens beschlossen, zusätzlich zu den bekannten Essentials, die für die Mitarbeiter in Deutschland gelten, eine international gültige Variante einzuführen. Diese soll allen Mitarbeitern weltweit Orientierung geben über den Unternehmenszweck, „für die Freiheit einzustehen"[5].

Produkte, Prozesse und Märkte der Axel Springer SE haben nicht mehr viel mit dem klassischen Verlagshaus in der Bundesrepublik in der zweiten Hälfte des zwanzigsten Jahrhunderts gemein. Das Unternehmen verfolgt konsequent das Ziel, ein wachstums- und renditestarkes Digitalportfolio aufzubauen, und vernetzt sich deswegen heute mehr denn je mit der gegenwärtigen Gründergeneration, den digitalen Start-ups. Zusammen mit der Transformation der etablierten starken Medienmarken, eigenen Onlineneuentwicklungen und strategisch ausgerichteten Akquisitionen von Digitalunternehmen ist diese Vernetzung einer der Bausteine der internationalen Digitalisierungsstrategie. Das Ziel ist klar und wird auf der Website deutlich kommuniziert: Heute hat sich die Axel Springer SE das Ziel gesetzt, „der führende

---

[5] Die kompletten Essentials von Axel Springer sind auf der Website einsehbar: http://www.axelspringer.de/artikel/Die-Essentials_40218.html

digitale Verlag" zu werden. Die „Essentials" Axel Caesar Springers müssen dazu nicht verändert werden und haben immer noch Bestand.

Purpose ist kein Slogan

Es müssen nicht unbedingt „Essentials" oder eine umfassende Verfassung sein. Im besten Fall lässt sich der Purpose, der so viel nach sich zieht und so viele Handlungen und Entscheidungen in einer Organisation bestimmt, in einem Satz ausdrücken. Brian Robertsons Beratungsunternehmen Holacracy One schafft es sogar mit nur zwei Wörtern: „Exquisite Organization" (Robertson 2015, S. 33).

Die Purpose-Beschreibung muss nicht unbedingt gut klingen. Sie darf ruhig etwas gewöhnungsbedürftig sein. Der Purpose ist kein Slogan. Wichtiger ist die Wirkung nach innen, die Möglichkeit, alles Handeln und Entscheiden im Unternehmen daraus abzuleiten. Zum Beispiel bei Soulbottles:

> „Wir möchten es jedem Menschen ermöglichen und ihn dazu inspirieren, seinen Alltag bewusst, nachhaltig und glücklich zu gestalten."

Ganz ähnlich der Leitsatz bei Premium Cola:

> „Premium will ein faires, ökologisches und sozial tragfähiges Wirtschaftsmodell in hoher Qualität vorleben und verbreiten."

Was heute Purpose heißt, war für Aristoteles Eudaimonia

Diese Beispiele zeigen recht gut, was ein Purpose-Statement auszeichnet. Es geht viel weiter als herkömmliche Vision- und Mission-Statements, löst sich von aktuellen Produkten und will mehr.

Es geht um das Streben nach Glück und nach dem guten Leben. Philosophen erkennen in diesen Vorgaben durchaus eine Spur von antikem Glücksdenken: Nach Aristoteles streben Menschen immer dann das Gute an, wenn sie bewusst und zielgerichtet handeln (Prinzip der Eudämonie).

Wir wollen an dieser Stelle kein Proseminar in Philosophie eröffnen. Aber uns fällt auf: Immer mehr Unternehmen bleiben bei der Bestimmung des Unternehmenszweckes nicht bei Produktbeschreibungen und Serviceversprechen stehen. Sie stellen sich der Frage, in welcher Hinsicht und in welchem Umfang sie dazu beitragen, das Leben zu verbessern. Sie definieren den Purpose ihrer Unternehmung ganz bewusst und deutlich, um Regeln und Prinzipien für das tägliche Arbeiten ableiten zu können. Damit zeigen sie auch deutlich, dass Arbeit und Organisation für sie mehr sind als Mittel zur Machtverteilung und Entlohnung. Nicht die Menschen sind für die Unternehmen da, sondern die Unternehmen sollen dazu beitragen, dass Menschen einer gelungenen Lebensführung entsprechen können.

Purpose ist nicht neu
Wenn in den Start-up-Szenen der Großstädte zurzeit die Frage nach dem Purpose Hochkonjunktur hat, dann begegnet uns dort das Prinzip der Eudaimonia von Aristoteles in moderner Form. Unternehmen mit klarer Purpose-Definition denken und handeln eher im Sinne Aristoteles und nicht im Sinne des Königsberger Philosophen Immanuel Kant.

Kant hat das aristotelische Streben nach Glückseligkeit als maßgeblichen Grund des sittlichen Handelns abgelehnt und bekanntlich die Pflicht ins Feld geführt. Pflicht als Antreiber hat in den modernen New-Work-Konzepten keinen guten Stand mehr. Statt auf Pflicht setzt zum Beispiel das reflective.org-Manifest auf das Wollen: „aim to do well by doing good". In diesem Sinne können sich die Verfasser des Manifests gut auf Aristoteles berufen, der in der Nikomachischen Ethik feststellt:

> „Die kaufmännische Lebensform hat etwas Gewaltsames an sich, und offensichtlich ist der Reichtum nicht das gesuchte Gute. Denn er ist nur als Mittel zu anderen Zwecken zu gebrauchen."

Purpose statt Feelgood-Management
Oft wird das Streben nach Glückseligkeit mit dem Streben nach Glück verwechselt. Glück wird dann nicht als Streben nach sittlichem Leben definiert, sondern am Wohlbefinden im Hier und Jetzt festgemacht. Schaut man auf die Unternehmenswelt unserer Tage, kann man diese Haltung auch im immer populärer werdenden Feelgood-Management erkennen. Feelgood-Management macht sich das Wohlergehen der Mitarbeiterinnen und Mitarbeiter zur Aufgabe. Dafür stellen immer mehr Unternehmen spezielle „Feelgood-Manager" ein. Diese „kaufen Obst, organisieren gemeinsame Kochaktionen, bestellen Masseure, haben ein offenes Ohr für Probleme und versuchen in Konflikten zu vermitteln" (Maas 2013).

Das alles mag nützlich sein, kann den Purpose eines Unternehmens aber nicht ersetzen. Oder anders ausgedrückt: Ein Purpose, der alle Mitarbeiterinnen und Mitarbeiter anspricht und innerlich verpflichtet, lässt die Aufgaben für modernes Feelgood-Management gar nicht erst entstehen. Deshalb ist es eine der wichtigsten Führungsaufgaben, den Purpose aktuell und im Bewusstsein zu halten. Arbeit am Purpose ist wie die Entwicklung, Wartung und Pflege von Hochleistungsmotoren. Läuft die Maschine, sind Agilität, Geschwindigkeit und Leistung nicht das Problem.

Purpose der Compliance-Unit bei Oerlikon

Britta Bibel-Cavallaro zeigt mit ihrer Compliance-Abteilung im Weltkonzern Oerlikon, dass man Selbstorganisation auch im Kleinen, im Alleingang einer Abteilung einführen und umsetzen kann. So hat auch die Abteilung ihren Purpose definiert:

> „To make Oerlikon a company with one of the most ethical standards in the world!"

Aus diesem Purpose leitet sie für sich und ihr Team den Auftrag ab, konzernweit das Bewusstsein für die Bedeutung eines „Ethical Conducts" (= ethischer Verhaltenskodex) zu entwickeln: „Was bedeutet das für jeden Einzelnen an seinem Arbeitsplatz? Mit welchen Regeln muss man sich auskennen?"

Mit ihrem Team sorgt Britta Bibel-Cavallaro nicht nur dafür, dass der Verhaltenskodex kommuniziert wird, sondern auch dafür, dass sich die Mitarbeiter mehr und mehr der Konsequenzen ihres Handelns bewusst werden. Oft entstehe ethisches Missverhalten nicht unbedingt aus Absicht, sondern durch unreflektierte Entscheidungen unter Zeit- und Leistungsdruck. „Deshalb braucht Ethical Compliance auch nicht unbedingt viele Regeln auf Papier", ist sie überzeugt.

Der gemeinsam formulierte – oder besser: gefundene – Purpose hilft ihr und ihren Teammitgliedern, Aufgaben zu definieren, Entscheidungen zu treffen und proaktiv zu handeln. Führung findet für sie immer dann statt, wenn die Gruppenmitglieder „sich gemeinsam in Richtung Purpose bewegen":

> „Das mache ich nicht allein, das machen wir gemeinsam. Wir müssen den Purpose erst definieren, um uns dann darauf hin bewegen zu können. Dann braucht es nicht mehr die singuläre Führungskraft, die Ansagen macht. Die Ansagen kommen quasi aus dem System heraus."

Aus dem Purpose lässt sich (fast) alles ableiten. Es ist der Zweck, der die Mittel vielleicht nicht heiligt, aber bestimmt. Eine klare Antwort auf die einfache Frage nach dem Warum, die über jeder Handlung einer Organisation steht oder stehen sollte. Diese Antwort fehlt bei vielen Unternehmensleitbildern, die zwar sehr detailliert und bemüht den Umgang miteinander und die Prinzipien der Arbeit festlegen, die eigentliche Frage nach der Daseinsberechtigung der Organisation aber gar nicht oder nur ungenau beantworten.

Menschen lassen sich von Gründen leiten

Streng genommen sind Organisationen, deren Purpose nicht klar gefasst ist, gar nicht handlungsfähig. Zumindest dürften sie es nicht sein. Als Menschen zeichnen wir uns dem Philosophen Julian Nida-Rümelin zufolge dadurch aus, „dass wir für genau das Verantwortung tragen, für welches wir Gründe haben" (2011, S. 17).

Daraus ergibt sich: Jede Organisationsform, die auf die Freiheit der Menschen setzt, ihnen rationales Denken und Handeln abverlangt und ihnen Entscheidungen übertragen will, muss dafür im wahrsten Sinne des Wortes gute Gründe haben.

Die guten Gründe, wir können auch Purpose sagen, sind deshalb so immens wichtig, weil sich aus ihnen Handlungen und Entscheidungen ableiten lassen. Wenn in selbstorganisierenden Unternehmen mehrere Menschen handeln und entscheiden, müssen sie ihr Tun auf einheitliche Gründe zurückführen. Deshalb steht bei der Einführung von neuen Entscheidungsstrukturen und mehr Selbstorganisation immer im ersten Schritt die Definition oder die Überprüfung des Purpose, oder deutsch: der guten Gründe.

Natürlich lassen sich auch unzählige Unternehmen finden, die keinen wohlformulierten Purpose definiert haben und trotzdem sehr erfolgreich sind. Vielleicht ist ihr Purpose so klar, dass er nicht mehr formuliert werden muss. Oder jeder Mitarbeiter folgt einem vermuteten Purpose, ohne dass es bisher Interessenkonflikte gegeben hat. Wir vermuten aber, dass ein klar definierter Purpose in unserer komplexen, undurchschaubaren und unvorhersehbaren Welt immer wichtiger wird.

Nicht in Stein gemeißelt
Der Purpose gilt nicht zwangsläufig für die Ewigkeit. Er kann für Unternehmen, Kunden und Gesellschaft auch obsolet werden. So geraten zuweilen auch große Unternehmen, die einst Märkte beherrschten, scheinbar urplötzlich in Schwierigkeiten, wenn sie über keinen klaren und zeitgemäßen Purpose mehr verfügen. Oder ihre Angebote werden dem Purpose nicht mehr gerecht. Braucht die Welt Polaroid-Fotos? Gibt es in Zeiten des Internets einen Grund, ein mehrbändiges Lexikon zu verlegen?

Führung braucht Gründe
Jegliches Bemühen um neue Organisationsformen, flachere Hierarchien und mehr Verantwortung für Teams und Mitarbeiter ist prinzipiell zum Scheitern verurteilt, wenn es keinen Purpose, keine Gründe gibt, aus denen sich organisationales Handeln und Verantwortung für Handlungen ableiten lassen. Deshalb ist das Purpose-Statement mehr als ein schön formulierter Satz. Es ist Urprinzip und Herzschlag jeder ganz oder ansatzweise selbstorganisierten Organisation. Und es ist eine der wichtigsten und grundsätzlichsten Führungsaufgaben, diesen Purpose mit Leben zu füllen und am Leben zu erhalten.

Es klingt fast zu banal, um es aufzuschreiben. Aber Menschen haben und brauchen Gründe, um Handlungen auszuführen. Aufgabe der Führung ist es, diese zu kennen, zu kommunizieren und im Bewusstsein zu halten. Schlechte Führung findet ihren Niederschlag in wirklich und vermeintlich grundlosen Handlungen oder darin, dass Sinn und Zweck von Entscheidungen den Mitarbeiterinnen und Mitarbeitern unergründlich zu sein scheinen.

Zusammengefasst

Arbeit am Purpose ist Führungsaufgabe
Wer den Purpose, den Daseinszweck des Unternehmens, definiert, stiftet Sinn. Der Purpose beschreibt Sinn, Zweck und Ziel eines jeden Unternehmens. Seine Definition macht es dem Unternehmer oder „Unternehmen" leichter, stimmige Entscheidungen zu treffen, unverwechselbar zu werden und eine eigene Kultur zu entwickeln. Es ist eine Kernaufgabe von Führungskräften, für die Rahmenbedingungen zu sorgen, dass der Purpose definiert und kontinuierlich überprüft wird. Aus dem Purpose können alle Mitarbeiter die Regeln und Prinzipien für ihre tägliche Arbeit ableiten.
Arbeit am Purpose ist wie die Entwicklung, Wartung und Pflege von Hochleistungsmotoren. Läuft die Maschine, sind Agilität, Geschwindigkeit und Leistung nicht das Problem.

Fragen Sie sich selbst:
▶ Kennen Sie die Ziele, Wünsche und Hoffnungen Ihrer Mitarbeiterinnen und Mitarbeiter für das Unternehmen?
▶ Wissen Sie, was für Ihre Mitarbeiterinnen und Mitarbeitern Erfüllung bei der Arbeit bedeutet?
▶ Erkennen Sie Verwöhnungstendenzen in Ihrer Organisation? Hören Sie, dass sich Ihre Mitarbeiter auf wohlerworbene Rechte berufen oder sich für die eine oder andere Tätigkeit zu schade sind? Dann könnte es sein, dass der Purpose nicht klar genug definiert ist.

2.2.12 Gemeinschaft stärken: Purpose erhalten

*„Einmal ist einer unserer Mitarbeiter morgens ins Büro gekommen und meinte:
,Klaus, du bist der Grund, warum ich nimmer in einem normalen Unternehmen
arbeiten kann.'"*
Klaus Schwarzenberger

Eines der Hauptziele der Selbstorganisation ist die Verbannung von Mikropolitik,
Machtspielen, Seilschaften, Silodenken und persönlichen Befindlichkeiten aus den
Entscheidungsprozessen im Unternehmen. Durch die Trennung von Person und
Rolle und von taktischen und strategischen Entscheidungsprozessen soll es gelingen, dass nicht Status, Herrschaftswissen und der berüchtigte Nasenfaktor die Prozesse einer Organisation bestimmen. Stattdessen soll das System aus sich selbst
heraus über Planung und Einsatz von Ressourcen entscheiden. Das macht es flexibler und agiler. Außerdem stärkt es die Bindung der Mitarbeiter an das Unternehmen, weil diese erstens besser informiert sind und zweitens besser in Entscheidungsprozesse eingebunden werden.

Erkauft werden diese Vorteile durch eine höhere Komplexität in Verwaltungs-
fragen. Holacracy-Puristen legen zum Beispiel großen Wert auf strenge Einhaltung
der definierten Meeting-Abläufe. Das alles muss gelernt, praktiziert und überprüft
werden. So berichten viele Führungskräfte, die Holacracy eingeführt haben, einstimmig vom hohen Aufwand, den sie für das „Onboarding", die Eingewöhnung
neuer Mitarbeiterinnen und Mitarbeiter betreiben.

Keine Nestwärme

Einerseits erfordert Selbstorganisation von den Unternehmen also höheren Aufwand: Das System muss sich mehr mit sich selbst beschäftigen: Regeln wollen
festgeschrieben und vermittelt werden. Prozesse wie zum Beispiel Meeting-Abläufe wollen eingeübt und eingehalten sein. Das Wissen über Regeln und Prozesse
muss an neue Mitarbeiterinnen und Mitarbeiter vermittelt werden.

Diesem erhöhten Aufwand an Organisation und Kommunikation steht auch ein
Verlust an zwischenmenschlicher Kommunikation gegenüber. Zwar kann es mit
einer klaren Rollendefinition und stringenten Organisationsregeln gelingen, klare
Meeting-Abläufe zu etablieren, in denen es entweder nur um operative Fragen des
Tagesgeschäfts oder um strategische Fragen geht. Alle Redebeiträge orientieren
sich dann strikt an Rollen und Themen. Das steigert die Effizienz und die Beschluss-
fähigkeit. Es menschelt dann aber auch weniger.

Die Beraterin Julia Culen, die in Wien und San Francisco lebt und arbeitet, fasst
ihre Erfahrungen mit Holacracy zusammen:

„Jede Entscheidung, jede Änderung, jedes Meeting wird im mitgelieferten IT-System bis ins kleinste Detail vorgegeben und dokumentiert. Eine ‚Social Technology', in der alles sauber ausprogrammiert ist, hard-coded. Die Menschen agieren als Role-Filler und Sensoren, für Persönliches gibt es einen zugewiesenen Platz, aber nicht im Meeting. Führung ist abgeschafft, jetzt übernimmt der Algorithmus. Holacracy wurde von einem Softwareentwickler erfunden, der wenig Erfahrung mit Organisationsdynamiken haben dürfte. Aber genau das ist jetzt besonders wichtig." (Culen 2016, S. 19)

Holacracy zielt darauf ab, den Einfluss der Mikropolitik im Unternehmen auszuschalten. Deshalb setzt es auf klare Regelungen und genau vorgegebene Abläufe. Das soll Willkür, Gutsherrenart und Seilschaften stoppen. Aber es unterdrückt auch Spontanität, Austausch und zwischenmenschlichen Kontakt. Sicher, niemand wünscht sich Machtmissbrauch, Kleinkrieg und Chefs, die sich wie Diktatoren aufführen. Aber niemand spricht, wenn er über sich, seine Arbeit und seine Kollegen spricht, nur von Rollen. Man spricht von Menschen, von Emotionen, von Träumen und Resonanzen.

Selbstorganisation ist oft mehr eine Kopfsache als Bauchgefühl. Auch überzeugte Verfechter der Selbstorganisation räumen ein, dass die verschiedenen Regelwerke, Verfassungen und Prozessbeschreibungen mitunter technokratisch anmuten.

Besprechungen und Entscheidungen in selbstorganisierenden Organisationen sind rationaler und zielorientierter als die Meetings in klassischen Organisationen. Allerdings fehlt es diesen rational strukturierten Zusammenkünften auch leicht an Lagerfeueratmosphäre. Emotionale Bindung, zwischenmenschlicher Kontakt und informeller Austausch sind laut Tagesordnung zumeist nicht vorgesehen.

Atmosphäre schaffen, Raum geben und Verbindlichkeit vorleben
Diese Lücke muss geschlossen werden, sonst bahnen sich Gefühle und Bedürfnisse anders ihre Bahn – unerwünscht und unkontrollierbar. Die Mitarbeiter müssen selbst dafür sorgen, dass Austausch, Kontakt und Wir-Gefühl angesichts der rational und einheitlich gestalteten Meetings und Entscheidungsprozesse nicht zu kurz kommen. Führungskräfte müssen diesen Bedarf erkennen und Unterstützung bieten.

Je mehr eine Organisation auf Selbstorganisation setzt, desto mehr ist sie auf Führungskräfte angewiesen, die nicht nur auf der Weihnachtsfeier für gute Stimmung sorgen.

Die emotionale Bindung, der alltägliche Austausch und das Gefühl der Zugehörigkeit sind Hauptgründe, warum Menschen jeden Tag zur Arbeit gehen. Für die wenigsten Menschen sind die Unternehmen, in denen sie arbeiten, eine reine Zweckgemeinschaft. Sie suchen Bestätigung und Kontakt, Erfüllung und Gemeinschaft. Führungskräfte können den Mitarbeiterinnen und Mitarbeitern diese Wünsche nicht im Alleingang erfüllen. Aber sie können Atmosphäre schaffen, Raum geben und Verbindlichkeit sicherstellen. Sie können und müssen vorangehen und die Unternehmenswerte vorleben.

Das ist vielleicht eines der überraschenden Ergebnisse unserer Gespräche: Unabhängig von dem Grad der Selbstorganisation, der im Unternehmen erreicht ist, wollen die Mitarbeiter gerne folgen. Sie suchen Menschen, die mit dem Purpose des Unternehmens in Einklang stehen und mit denen sie sich identifizieren können. Unternehmer Klaus Schwarzenberger bringt es auf den Punkt:

> „Einmal ist einer unserer Mitarbeiter morgens ins Büro gekommen und meinte: ‚Klaus, eigentlich bist du so ein bisschen ein Arsch.‘ ‚Warum?‘, frage ich. Sagt er: ‚Ja, du bist der Grund, warum ich nimmer in einem normalen Unternehmen arbeiten kann.‘ "

Einerseits müssen Führungskräfte Privilegien und Befugnisse abgeben, weil die Mitarbeiter Mitbestimmung und möglichst hierarchiefreies Arbeiten wünschen. Andererseits schreiben ihnen die Mitarbeiter durchaus eine Sonderrolle zu: Führungskräfte sollen herausragen, besonders sein und vorangehen. Mit ihrer Arbeit für den Purpose und ihr Agieren in der Hierarchie und in der Organisation sollen sie zeigen, was geht und was getan werden muss.

Führungsaufgabe: Erneuerungsarbeit

Eine paradoxe Situation: Führungskräfte, die in ihrer Organisation Macht neu verteilen und Befugnisse abgeben, berichten davon, dass immer wieder eine Bitte an sie herangetragen wird: Sie sollen für die Einhaltung der Spielregeln, die Orientierung des Handelns am Purpose und für die Pflege der Unternehmenskultur eintreten. Dazu ist viel Arbeit am Detail notwendig. Wie Ralf Heller berichtet, liegt die vor allem in den kleinen Dingen, etwa in der ständigen Ermunterung und Erinnerung an kleinste Rituale:

> „Wir nennen das Erneuerungsarbeit: die Verankerung von Klein- und Kleinstritualen. Zum Beispiel die Vorbereitung und Einstimmung auf ein Meeting. Die Erinnerung daran, dass jedes Meeting ein Ziel verfolgt, das man vorher gemeinsam verabredet hat. Die Abfrage, ob alle einverstanden sind. Auf dieser Ebene der kleinen Rituale kann und muss man viel machen. Tut man das nicht, verfällt die ganze Organisation schon bald wieder in alte Muster."

Helmut Lind, Vorstandsvorsitzender der Sparda-Bank München, kennt dieses Gefahr. Er ist mit seiner Bank bereits seit gut zehn Jahren in einem Transformationsprozess. Immer wieder kommt es vor, dass Teams und Mitarbeiter ihn ansprechen und mehr Führung statt Selbstorganisation einfordern. Zum Beispiel dann, wenn es persönliche Differenzen in der Gruppe gibt. Die typische Forderung lautet dann:

> „Gib mir doch einfach Sicherheit. Wir verplempern so viel Zeit mit zu viel Gruppendiskussionen."

Nicht nur die Gruppe, auch Helmut Lind selbst droht dann, in alte Führungsmuster zurückzufallen. Seine Aufgabe definiert er dann für sich, der Selbstorganisation Zeit und Raum zugeben. Auch dann, wenn ihn das Feedback der Mitarbeiter erreicht, dass sich der Prozess verlangsame und verzögere. „Selbstorganisation entsteht nur durch Selbstorganisation", so Lind.

Einen Kern bilden
Eigentlich müsste diese Situation jeder Führungskraft gefallen: Mitarbeiter folgen freiwillig und fordern Führung sogar ein. Aber die Richtung muss stimmen. Führungskräfte müssen sie vorgeben und, wie der Organisationsforscher Ayad Al-Ani am Beispiel der selbstorganisierenden Communities der Softwareprogrammierer beschreibt, eine besondere Anziehungskraft entfalten:

> „Selbstorganisierende Organisationen, die auf Peer-to-Peer-Organisation setzen, brauchen so etwas wie einen Kern, um den sie sich zentrieren können. So wie zum Beispiel bei dem freien Betriebssystemkern Linux. Da hat vor 25 Jahren der finnische Student Linus Torvalds einfach eine Mail gesendet: Ich habe da eine Idee, die werfe ich einmal in die Menge. Jeder, der mitmachen will, kann irgendwie mitmachen. Ich kann aber nicht versprechen, dass wir alles umsetzen. Habt Spaß!"

Entscheidend für den Erfolg von Linux mag gewesen sein, dass sich Linus Torvalds nie zurückgezogen hat. Bis heute bringt er sich in die Weiterentwicklung des freien Betriebssystems ein.

Die Führungskraft – ein glücklicher Mensch
Auch Sabine Herlitschka sieht es als ihre Aufgabe an, so etwas wie einen Kern zu bilden, Orientierung zu geben und dafür zu sorgen, dass die Organisation nicht in alte Verhaltensmuster zurückfällt. Für sie ist das Sisyphusarbeit:

> „In der Organisationsentwicklung ist man nie fertig. Das klingt trivial, in der täglichen Führungspraxis ist das aber alles andere als trivial. Jede organisatorische Veränderung ist immer Anfang und niemals abgeschlossen."

Deshalb brauche man als Führungskraft vor allem eines: „heitere Gelassenheit". Eine Führungskraft erinnere sie deshalb immer an die Gestalt des Sisyphus, den man sich dem Philosophen Albert Camus zufolge als glücklichen Menschen vorzustellen habe.

Die Deutung von Albert Camus entspricht auf den ersten Blick nicht unserem Bild von Sisyphus, der ja jeden Tag seine Arbeit von vorn beginnen muss. Aber genau so müssen wir uns Führung und Organisationsentwicklung vorstellen:

> „Wenn man etwas baut und einen neuen organisatorischen Ansatz hinstellt, ist das immer eine Ausprägung, die der Zeit unterliegt. Sie kann wenig später wieder eingerissen werden. Manchmal braucht man die eine Form, dann einmal braucht man die andere. Manchmal macht man einen Vorschlag, probiert etwas aus – und weiß bereits, dass in zwei Jahren etwas ganz anders entwickelt werden kann. Das entspricht der Arbeit des Sisyphus. Und der Haltung, die ihm Albert Camus zugeschrieben hat: So gesehen können wir Führungskräfte auch sehr glücklich sein. Wir arbeiten ja immer an spannenden Themen, die niemals abgeschlossen sind. Diese Haltung nimmt etwas Druck von den Schultern. Und sie ermöglicht eine positive Einstellung zu Entwickeln und Lernen."

Zusammengefasst

Zugehörigkeitsgefühl und gutes Unternehmensklima stellen sich nicht von selbst ein

Mit Selbstorganisation verbindet sich die Hoffnung, dass Mikropolitik, Machtspiele, Seilschaften, Silodenken und persönliche Befindlichkeiten aus den Entscheidungsprozessen im Unternehmen verbannt werden können. Selbstorganisation birgt aber auch die Gefahr von Strukturalismus und Formalismus. Menschen suchen in Organisationen nicht nur Rollen, Aufgaben und Entscheidungsbefugnisse, sondern auch Austausch, Zugehörigkeit und Sinn. Es gilt, eine förderliche Atmosphäre zu schaffen, Raum zu geben, Verbindlichkeit vorzuleben und emotionale Bindungen zu stärken. Selbstorganisation braucht Zeit und Raum, Rituale und kontinuierliche Pflege. Auch das ist Führungsarbeit.

Fragen Sie sich selbst:

► Welche Rituale, Feiern und andere gemeinsame Anlässe gibt es in Ihrem Unternehmen oder Ihrer Abteilung?

► Bieten diese genügend Raum für Kommunikation, Gemeinschaftsgefühl und Kontakt?

► Stehen Sie Mitarbeiterinnen und Mitarbeitern zur Verfügung, wenn Selbstorganisation zu Reibungsverlusten, Unmut und Frustrationen führt?

► Sind Sie darauf vorbereitet, dass Mitarbeiter mehr Führung einfordern, als Sie ausüben möchten?

► Sehen Sie die Arbeit an der Selbstorganisation als temporäres Projekt oder als kontinuierliche Aufgabe?

► Wie viel Zeit und Energie wollen Sie der Stärkung des Gemeinschaftsgefühls widmen?

2.3 In gar nicht so geheimer Mission: Führungskräfte brauchen Sendungsbewusstsein

„Wir sprechen überall gerne und offen da drüber, weil wir ein gewisses Sendungsbewusstsein haben."
Andreas Ollmann

Wer sich auf das Abenteuer einlässt und jenseits der Hierarchien und Statussymbole führen will, braucht eine gute Portion Geduld und vor allem viel Freude am Reden. Genau das zeichnet alle von uns befragten Führungskräfte aus.

Vor allem wenn sich das Gespräch um Möglichkeiten und neue Chance durch neue Organisationsformen dreht, hat jeder etwas zu sagen. Dann ist es auch egal, wenn die vereinbarte Gesprächszeit schon längst überschritten ist. Das liegt natürlich auch an der Auswahl unserer Gesprächspartnerinnen und Gesprächspartner: Wer sich auf ein Interview einlässt, möchte auch etwas sagen. Und wer nicht wenigstens etwas Gefallen darin finden kann, sich selbst über Management und Führung sprechen zu hören, winkt bei einer Interviewanfrage lieber gleich ab. Trotzdem: Die rhetorische Souveränität unserer Gesprächspartner hat uns ebenso beeindruckt wie ihre Leidenschaft und die Selbstverständlichkeit, mit der sie für sich den Auftrag annehmen, nach außen zu gehen, um die Rednerpulte und Bühnen zu suchen. Nicht, um über ihr Unternehmen, ihre Produkte oder gar ihre eigenen Erfolge zu reden, sondern über die Art und Weise, wie sie arbeiten und managen. Sie alle verstehen sich als Botschafter der guten neuen Arbeitswelt.

Gespräche über Führung führen Menschen zusammen

„Wir sprechen überall gerne und offen da drüber, weil wir ein gewisses Sendungs-bewusstsein haben", räumt Andreas Ollmann von Ministry sofort ein. Wenige Wochen nach unserem Gespräch hat Ministry zu einer „New Work Future"-Konferenz mit Unternehmern, Managern und renommierten Coaches eingeladen. Eine Konferenz auch für die eigenen Mitarbeiter und für Kunden – aber vornehmlich für alle an der neuen Arbeit Interessierten aus Unternehmen, Start-ups und Universitäten, die sich ihr Kongressticket über XING erwerben konnten. Was ist das? Weiterbildung? Marketing? Kommunikation? Networking? Wahrscheinlich alles zusammen.

Vielleicht entdeckt Ministry ja das Geschäftsfeld Konferenzen für sich. Auf alle Fälle zeigt sich, dass das Thema „New Work" für viele ein spannendes Gesprächs-thema ist. Es führt Menschen zusammen. Kaum ein Monat, kaum eine Woche vergeht, in der nicht in den sozialen Netzwerken wie XING oder LinkedIn die Einladung zu einer neuen Veranstaltung im virtuellen oder im realen Raum auftaucht. Die Konferenzen, Barcamps, Workshops und Business-Breakfasts sind zu den Salons und Country Clubs des 21. Jahrhunderts geworden. Hier trägt man keine Krawatte mehr und legt auch keine Visitenkarten auf silberne Tabletts. Aber das Interesse und die Motivation zur Teilnahme bleiben gleich: Austausch, Kontakte, Anregungen. Keine Führungskraft ist darauf erpicht, hinter verschlossenen Türen ein eigenes Organisationsmodell zu kreieren und für sich zu behalten. Je mehr die Führungs-kräfte den Austausch suchen, umso mehr sind sie bereit, sich selbst infrage zu stellen und das eigene Staunen, die eigene Unsicherheit und mitunter die eigene Ratlosigkeit im rasanten Wandel der Welt einzuräumen. Und sie wollen anderen Mut machen, es ebenso zu tun. „Ich bin ja nur deshalb so viel unterwegs, weil ich den Menschen Mut machen möchte", sagt Uwe Lübbermann, der auf zahlreichen Konferenzen auftritt. Auch die Soulbottles-Geschäftsführer Georg Tarne und Paul Kupfer kann man als Referenten oder Workshopleiter buchen.

Die Führungskraft als Bestsellerautor

Auch Bodo Janssen scheut keine Öffentlichkeit. In unserem Gespräch kündigt er ein Buch über seine Wandlung vom ungeliebten Chef zum Verfechter eines mensch-lichen Führungsstils an. Titel: „Die stille Revolution." Das Buch ist dann ein paar Wochen später erschienen und sofort auf die Spiegel-Bestsellerliste geklettert. In dem Buch spricht Bodo Janssen freigebig und offen über sein gesamtes Leben – von dem Schicksalsschlag, Opfer einer grausamen Entführung zu sein, bis zum Manage-menttiefpunkt eines niederschmetternden Ergebnisses einer Mitarbeiterbefragung und seiner Suche nach sich selbst in Klöstern, Seminaren und Coachings. Natürlich auch über den Upstalsboom-Weg, mit dem Bodo Janssen in seinem Hotelunternehmen Wertschöpfung durch Wertschätzung vorleben und durchsetzen möchte. Zum Buch dürfen natürlich Website, Newsletter und YouTube auch nicht fehlen. Bodo Janssen darf sich wirklich und wahrhaftig als Bestsellerautor fühlen, wenn er auf Lesetour ist und Interviews für Zeitungen, Radio und Fernsehen gibt.

Sendungsbewusstsein befeuert das Employer Branding

Das ist PR-Arbeit im besten Sinne: Tue Gutes und rede darüber. Der Unternehmer Bodo Janssen spricht über sich, sein Leben, seine Werte, sein Führungsverständnis. So erfahren viele Menschen – zum Beispiel beim Lesen dieses Buches – auch von den Upstalsboom-Hotels und -Ferienwohnungen an Nord- und Ostsee. Der Hinweis auf eine besondere Führungs- und Unternehmenskultur ist in der Hotellerie und im Gastgewerbe bestimmt nicht nachteilig. Das macht Gäste neugierig. Und Menschen, die gerne bei Upstalsboom arbeiten möchten. So gesehen ließe sich Bodo Janssens Öffentlichkeitsarbeit auch unter dem Stichwort „Employer Branding" verbuchen. Anders als viele klassische Kampagnen zur Steigerung der Arbeitgeberattraktivität sind die Botschaften Janssens aber direkt mit dem Tun, Managen und Arbeiten im Unternehmen verknüpft. Während viele Employer-Branding-Kampagnen mit ihren Versprechen von guten Arbeitsbedingungen, modernen Arbeitsplätzen und guter Weiterbildung erschreckend austauschbar klingen, weil es der künstlich geschaffenen Arbeitgebermarke an Bezug zum Unternehmenszweck, zur täglichen Arbeit – oder eben neudeutsch: zum Purpose – fehlt, spricht Bodo Janssen immer als Privatmensch und als Führungskraft, er spricht über Leben und über Führen, über das Humane und über das Ökonomische. Damit hebt er eine Trennung auf, die für viele seiner jetzigen und zukünftigen Mitarbeiter gar nicht mehr existiert: Viele Menschen wollen nicht mehr akzeptieren, dass am Arbeitsplatz andere Verhaltensregeln und Vorstellungen von Gerechtigkeit und Fairness gelten als im Privatleben. Insofern ist für Bodo Janssen jeder Auftritt für den Upstalsboom-Weg natürlich auch ein Marketing-Act für das Upstalsboom-Unternehmen.

Über den Weg zur Selbstorganisation bei Ministry hat die Zeitschrift brand eins ausführlich berichtet. Mit durchaus gewünschten Folgen, wie Andreas Ollmann resümiert:

> „Nicht zuletzt durch diesen Artikel und vielleicht auch durch die Tatsache, dass wir so offen mit unserem Suchen nach dem Neuen umgehen, haben wir mittlerweile eine ganze Menge Kontakte zu anderen Unternehmen bekommen, die ähnlich denken. Wir bauen gerade ein neues Netzwerk auf. Und das ist sehr hilfreich, weil man sich über

alles austauschen kann. In diesem Netzwerk sind wir vielleicht Initiator – aber beileibe nicht diejenigen, die immer gleich auf alles eine Antwort wissen."

Sendungsbewusstsein können wir den Führungskräften, die wir besucht und befragt haben, durchaus attestieren. Auch den Wunsch, sich mitzuteilen und andere zu begeistern. Zum Missionieren fehlt ihnen allerdings der Dogmatismus.

Mut machen
Mit der Vortragstätigkeit, den Interviews und der Pressearbeit setzen die Führungskräfte ihr Unternehmen in Szene und positionieren sich bei ihrer Zielgruppe. Sie üben eine magische Anziehungskraft auf potenzielle Bewerberinnen und Bewerber aus – Menschen, die mit ihrem Denken und ihrer Haltung voll und ganz zum Unternehmen passen. Und genau diese Passung ist es, die die meisten unserer Gesprächspartner als eines der wichtigsten Erfolgsmerkmale hervorheben. Peter Leppelt geht davon aus, dass die für jeden sichtbare Unternehmensverfassung bei Praemandatum einen ganz bestimmten Menschenschlag anzieht: Menschen, die sich nicht nur für das Was interessieren, sondern auch für das Wofür: „Bei uns schwingt immer ein gewisser Idealismus mit. Und auch das zieht bestimmte Typen an."

Während die Führungskräfte laut und öffentlichkeitswirksam über die eigene Kultur und die eigenen Prozesse nachdenken und berichten, werben sie neue Arbeitskräfte. Zeitgleich senden sie Signale nach innen an die eigenen Teams. Vielleicht noch wichtiger: Mantramäßig bestätigen sie sich selbst und vergewissern sich, auf dem richtigen Weg zu sein. Das wiederum hilft ungemein, den Glauben an die neue Organisationsform in den eigenen Teams aufrechtzuerhalten, so Ralf Heller:

„Das hat auch etwas mit Glauben oder Überzeugungen zu tun. Es gilt, die Konzepte kraftvoll und nachhaltig zu vertreten. Auch gegen Widerstände. Irgendwann fangen die Ersten an zu folgen und im eigenen Erleben wächst dann der Glaube. So kann Momentum entstehen."

Das wäre dann eine Selffulfilling Prophecy. Und eine gute Erklärung, warum so viele Führungskräfte aus selbstorganisierenden Organisationen bereits dann Podium und Bühne suchen, wenn der Beweis des Erfolges der neuen Arbeitsweisen mangels Langzeitstudien noch gar nicht erbracht werden kann. Der Mut liegt im Tun. Und im Reden.

Auch Kunden sollen/wollen missioniert sein

Klöckner-Vorstand Gisbert Rühl ist gern gesehener Gast auf Konferenzen. Sein Thema ist dabei weniger die Entwicklung des Stahlpreises oder neue Trends der Metallbearbeitung. Seine Botschaften kreisen um die Frage, welche Herausforderungen die Digitalisierung mit sich bringt und wie man sie annehmen kann. Vor allem eine Zielgruppe ist ihm besonders wichtig: Klöckners Kunden in der Stahlverarbeitung. Und das sind zumeist Vertreter des klassischen Mittelstands. Bei ihnen und mit ihnen fühlt Rühl sich richtig wohl:

> „Da treffe ich auf sehr viele pfiffige Typen, richtig gute Unternehmer."

Ein Beispiel fällt ihm sofort ein:

> „Ich war einmal bei einem Unternehmer, der war bestimmt schon über siebzig Jahre alt. Noch während ich bei ihm war, hat er zum Telefon gegriffen und seinen Sohn angerufen: ‚Pass mal auf, der Rühl ist gerade hier, du musst dich unbedingt mal mit ihm in Berlin treffen.'"

Ein anderer Unternehmer, auch zwischen 65 und 70 Jahre alt und ein bekannter Name in der deutschen Wirtschaft, hat Gisbert Rühl im Gespräch sein Leid geklagt:

> „‚Wenn wir das nicht mehr schaffen mit der Digitalisierung, dann verlieren wir jeden Vorsprung, dann liefern wir nur noch die Blechkisten für Innovationen, für die andere zuständig sind.'"

„Mit seinen fast siebzig Jahren hat dieser Manager die Zeichen der Zeit durchaus richtig interpretiert", meint Rühl:

> „Menschen wie er sehen die Problematik. Sie wissen aber nicht, wie sie damit umgehen können."

Genau deshalb wird Gisbert Rühl nicht müde, von seinen Erlebnissen in Berlin und im Silicon Valley, von seinen Begegnungen im Betahaus und von seinen Erfolgen und Entwicklungen mit kloeckner.i zu berichten. Er will nicht nur erzählen. Er will helfen und sieht seine Digitalisierungsstrategie nicht nur auf das Unternehmen Klöckner beschränkt:

> „Das sind schließlich unsere Kunden."

Das Motto für seine Bemühungen, Klöckner-Kunden bei ihren Anstrengungen zur Digitalisierung zu unterstützen, hat er aus dem Silicon Valley mitgebracht: „Give and Take." Wer Erkenntnisse und „Insights" einsammeln und nutzen kann, steht in der unausgesprochenen Erwartung, Wissen zu teilen. Offen, bedingungslos und für und mit jedermann.

Die Sparda-Bank München hat mittlerweile Tochtergesellschaften, die sich strukturell und mit ihrem Angebot unabhängig vom Mutterhaus bewegen: So gibt es zum Beispiel die „NaturTalent Stiftung", eine gemeinnützige GmbH, die Schülern in Realschulen und Gymnasien talentorientierte Berufswahlempfehlungen anbietet.

Keynote-Vorträge halten, Interviews geben oder Trainings und Workshops durchführen. Es gibt trockenere und undankbarere Aufgaben und Rollen für Führungskräfte. Umso bereitwilliger füllen die Führungskräfte sie auch aus. Sie ziehen aus dieser Rolle Kraft für andere kraftzehrende Führungsaufgaben. Außerdem verleiht ihnen die Rolle als Redner und Experte auch eine Unabhängigkeit, die sie durchaus zu schätzen wissen. Uwe Lübbermann und Bodo Janssen zum Beispiel haben sicherlich nichts dagegen, dass sie über ihre Branchen hinaus als Redner oder Podiumsteilnehmer gefragt sind. Und Horst Pirker antwortet auf die Frage, ob er selbst Führungskraft sei, dass er mehrere Lebensentwürfe nebeneinander lebe:

> „Ich bin gerne Führungskraft. Ja. Aber ich bin ebenso gerne Professor oder Unternehmer. Zudem würde ich wahnsinnig gerne publizieren ... oder beraten. Ich habe also so viele Leben, die ich nebeneinander lebe. Und all diese Leben liebe ich. Und jedes würde mich tragen, nicht oder nicht nur in wirtschaftlicher Hinsicht, sondern auch in inhaltlicher. Ich lebe gerne an der Uni und lebe gerne als Unternehmer. Und obwohl diese Leben mich alle viel Kraft und Substanz kosten, lebe ich all diese Leben sehr gerne."

Die Hoffnung, dass sich irgendwas bewegt

Auch der Softwareunternehmer Klaus Schwarzenberger verspürt, wie wir bereits erwähnt haben, den Drang, nach außen zu gehen und so auch über die Grenzen des eigenen Unternehmens hinaus und in die Gesellschaft hinein zu wirken:

> „Ich bin deshalb selbstständig geworden und bin bewusst nicht in ein traditionelles Unternehmen gegangen, weil ich einfach nicht einsehen wollte, dass strikte und rigorose Regeln zu einem produktiven Unternehmen führen. Jetzt versuchen wir in unserem eigenen Unternehmen, das Gegenteil zu beweisen. Wir geben unser Bestes – in der Hoffnung, dass sich da irgendwann einmal etwas bewegt."

Klaus Schwarzenberger ist sich durchaus bewusst, dass er nur deshalb die Rolle des Keynote Speakers oder Teilnehmers einer Podiumsdiskussion einnehmen kann, weil ihm sein Team zu Hause den Rücken freihält:

> „Wir Gründer sind recht viel unterwegs: auf Konferenzen, Workshops, sonst was. De facto würde das ohne eigenverantwortliche Teams gar nicht funktionieren. Wenn da alles von uns abhängig wäre, dann würde der Laden im Prinzip das halbe Jahr lang stillstehen."

Das Sendungsbewusstsein der Führungskräfte bei der Arbeit als Multiplikator und Botschafter streichelt nicht nur das Ego: Es stärkt auch die Organisation, indem es für Bestätigung in der und durch die Öffentlichkeit sorgt. Genau diese Selbstvergewisserung für die Organisation wird durch die neue Organisationform erst möglich: weil sie es zulässt, dass Führungskräfte einigen traditionellen Aufgaben weniger Zeit und Aufmerksamkeit widmen müssen. Stattdessen kümmern sie sich mehr um die Kommunikation und Außendarstellung. Das ist für sie durchaus eine Art Job-Enrichment. Fast hat es den Anschein, als ob man die offizielle oder inoffizielle Führungskraft eines modernen Unternehmens nicht am Dienstwagen, am Jobtitel oder an der Zahl der Bürofenster erkennt, sondern an der Anzahl der Konferenzteilnahmen und Vortragsthemen, die Google bei der Namenssuche ausspuckt.

In der schnelllebigen Aufmerksamkeitsökonomie, im Karussell der Tagungen und Kongresse könnte die Wahrnehmung von Vorträgen und anderer Repräsentationsaufgaben zum erstrebenswerten Privileg werden. Ein Privileg, das Status verspricht. Und damit äußerst wichtig ist. Denn viele traditionelle und lang bewährte Statussymbole haben, wie wir im nächsten Kapitel sehen werden, ihre Daseinsberechtigung längst verloren.

Zusammengefasst

Reden über die Organisation gehört zum Führungsrepertoire
Führungskräfte vertreten nicht nur ihre Produkte und Angebote nach außen, sondern auch die Unternehmensphilosophie, die Grundhaltung und die Organisationsweise. Auch wenn – oder gerade weil – sich die Organisation permanent wandelt und dieser Prozess nie abgeschlossen ist, treten die Führungskräfte als Botschafter des Wandels in der Öffentlichkeit auf. Das stärkt ihre eigene Rolle als Innovator und hilft ihnen, die eigenen Ergebnisse zu diskutieren und zu hinterfragen. Ihre Botschafterrolle stärkt natürlich auch die Reputation des Unternehmens und seinen Ruf als Arbeitgeber. Anknüpfungspunkte zum Marketing, zur Presse- und Öffentlichkeitsarbeit und zum Employer Branding sind gewünscht und gewollt.

Nutzen Sie Konferenzen, Workshops, Dinner-Talks, Barcamps, um die Organisationsstruktur, die Unternehmenskultur und die Führungsprinzipien Ihres Unternehmens vorzustellen. Scheuen Sie auch dann nicht davor zurück, wenn Sie Unzulänglichkeiten, Rückschritte oder Nachholbedarf im eigenen Haus feststellen. In der Storytelling-Kultur des 21. Jahrhunderts erwartet Ihr Publikum keine „Best Practices" oder Heldengeschichten mehr, sondern authentische Geschichten über Menschen und ihre tagtäglichen Herausforderungen. Mit öffentlichen Auftritten repräsentieren Sie Ihre Organisation und bringen sie in Dialog mit anderen Gruppen und Öffentlichkeit. Auch das ist Führung.

Fragen Sie sich selbst:
▶ Wie lautet Ihre Geschichte zu Führung und Organisation?
▶ Wem möchten Sie sie erzählen?
▶ Wer aus Ihren Teams hat auch Interesse, die Story Ihrer Organisation und Ihres Purpose weiterzuerzählen?
▶ Wie können Sie das Storytelling unterstützen?

Literatur

Axel Springer, Die Essentials, http://www.axelspringer.de/artikel/Die-Essentials_40218. html, zuletzt zugegriffen am 24.07.2016.

Bell, Daniel (1973), The Coming of Post-Industrial Society. New York: Basic Books.

Chan Kim, W.; Mauborgne, Renée (2003), Fair Process. Managing in the Knowledge Economy, in: Harvard Business Review, January 2003.

Culen, Julia (2016), Sesselrücken auf der Titanic, in: Hernsteiner 1/2016.

Hernstein Management Report, Ausgabe Juni 2014.

Hurst, Aaron (2014), The Purpose Economy. How Your Desire for Impact, Personal Growth and Community Is Changing the World. Elevate, Boise.

Koller, Daphne (2012), „What we are learning from online-education", https://www.ted. com/talks/daphne_koller_what_we_re_learning_from_online_education?language=en, zuletzt zugegriffen am 24.07.2016.

Maas, Marie-Charlotte (2013), Feel-Good-Manager: Stimmung, Kollegen!, Zeit online, http://www.zeit.de/2013/31/beruf-feel-good-manager, zuletzt zugegriffen am 22.07.2016.

Manifesto, Everyone and everything is connected (Übersetzung: Lars-Peter Linke), http://www.responsive.org/manifesto, zuletzt zugegriffen am 22.07.2016.

Nida-Rümelin, Julian (2001), Strukturelle Rationalität. Ein philosophischer Essay über praktische Vernunft, Reclam-Verlag, Stuttgart.

Nida-Rümelin, Julian (2011), Verantwortung, Reclam-Verlag, Stuttgart.

Piech, Chris; Huang, Jonathan; Chen, Zhenghao; Do, Chuong; Ng, Andrew; Koller, Daphne (2013), Tuned Models of Peer Assessment in MOOCs, http://web.stanford.edu/~cpiech/bio/papers/tuningPeerGrading.pdf, zuletzt zugegriffen am 22.07.2016.

Robertson, Brian J. (2015), Holacracy. The New Management System for a Rapidly Changing World, Henry Holt & Co., New York.

Springer Gabler Verlag (Herausgeber), Gabler Wirtschaftslexikon, Stichwort: Aufgabe, online: http://wirtschaftslexikon.gabler.de/Archiv/2754/aufgabe-v8.html, zuletzt zugegriffen am 22.07.2016.

W. P. Carey School of Business (2012), Business Analytics and Big Data: Ebay study: How to build trust and improve the shopping experience, http://research.wpcarey.asu.edu/managing-it/ebay-study-how-to-build-trust-and-improve-the-shopping-experience/, zuletzt zugegriffen am 22.07.2016.

Wikibon Blog, 1 August 2012 "A Comprehensive List of Big Data Statistics"

World Economic Forum: Deep Shift – Technology, Tipping Points and Social Impact, September 2015.

Wenn Pfründe fallen:

Warum Statussymbole ihre Bedeutung verlieren

„Das Büro des Vorstandsvorsitzenden ist kein Heiligtum mehr, in das man vielleicht einmal im Leben reinkommt. Die Mitarbeiter können das jetzt einfach buchen …"
Gisbert Rühl

Kurz vor Ende unseres Gesprächs erzählt uns Dominique Döttling, Transformation Leader bei Opel, noch mit einem Augenzwinkern eine schöne Anekdote:

> „Kürzlich hatte ich einen Termin, zu dem auch unsere Praktikantin hinzugebeten worden ist. Da fragt mich die junge Dame doch tatsächlich, ob ich sie abholen könnte. Hätten Sie, als Sie Berufseinsteiger waren, es auch nur ansatzweise gewagt, eine Direktorin um Fahrdienste zu fragen? Das hätten wir doch nie gewagt, oder?"

Dominique Döttling schmunzelt. Die vermeintlich kühne Frage der Praktikantin ist in ihren Augen keine Respektlosigkeit. Vielmehr drückt sie sehr gut die Direktheit und Ungezwungenheit der Generation Y aus:

> „Die junge Praktikantin hat völlig pragmatisch gedacht: Frau Döttling hat ein Dienstfahrzeug, ich habe keines. Frau Döttling kann einfach über das Firmengelände fahren, ich kann das nicht. Für sie ist die Fahrt zum Meeting ein Schlenker von zehn Minuten, ich müsste zwanzig Minuten laufen. Also ist der Fall klar."

Ein Dienstfahrzeug ist nur ein Dienstfahrzeug
Für die Praktikantin ist das Auto ein Dienstfahrzeug – und kein Statussymbol. Und damit ist sie in ihrer Generation – der Generation Y – sicherlich keine Exotin. „Mit den alten Insignien der Macht können wir wenig anfangen", schreibt die Journalistin Kerstin Bund, Jahrgang 1982, die mit ihrem Buch „Glück schlägt Geld" so etwas wie eine publizistische Klassensprecherin ihrer Generation geworden ist. „Da sehen Sie einmal", kommentiert Dominique Döttling die Fahrdienstanfrage augenzwinkernd: „Die Kulturveränderung durch die neue Generation kommt automatisch. Und es schadet uns Führungskräften auch nicht, wenn wir es irgendwann mal nicht

mehr nötig haben sollten, die soziale Kälte der Führung mit Statussymbolen zu kompensieren."

Statussymbole – Trade-Off für soziale Kälte?

Für Dominique Döttling sind Statussymbole „eine Art Trade-Off", ein Ausgleich für zu viel Arbeit und Jobs mit „sozialer Kälte":

> „Wenn ich in einer Organisation nach oben komme, erhalte ich immer weniger persönliche Nähe, Wärme und Zuneigung. Dieser Mangel wird durch Zugewinn an Status kompensiert: Ich habe dann einen Parkplatz, der meinen Namen trägt. Das soll diesen Mangel an persönlichem, freundlichem Umgang kompensieren, den man normalerweise hat, wenn man in eine Organisation kommt."

Eigentlich ein erschreckender Gedanke, den Dominique Döttling klar und unerschrocken ausspricht: Man tritt in eine Organisation ein und empfindet Wärme und soziale Nähe. Diese Elemente kühlen immer mehr ab, als Ausgleich gibt es mehr Status und mehr Symbole. Was für ein Tausch!

Statussymbole sind also eine Art Kompensation, eine unentgeltliche Vergütung für soziale Kälte. Für den Psychologen Peter Lauster, der mit seinen populärwissenschaftlichen Büchern in den siebziger Jahren ein Millionenpublikum erreichte, sind Statussymbole aber noch viel mehr:

> „In unserer Leistungsgesellschaft sind Statussymbole wirksame und offenbar unentbehrliche Waffen, um den anderen einzuschüchtern und sich von ihm als besser, wertvoller und ranghöher zu präsentieren." (Lauster 1977, Klappentext)

Vielleicht hat Peter Lauster in den siebziger Jahren richtig beobachtet, dass Statussymbole Rangzeichen sind, die Machtverhältnisse klären sollen (Lauster 1977, S. 9). Im 21. Jahrhundert scheinen die Statussymbole ihre Wirksamkeit als Abgrenzungswaffe verloren zu haben – die Praktikantin bei Opel scheint jedenfalls wenig eingeschüchtert zu sein.

Festigung der Machtposition durch Symbole

Peter Lauster schreibt weiter, dass Statussymbole „von Autoritäten jeder Schattierung eingesetzt werden, um eine Machthierarchie von oben nach unten zu schaffen. Statussymbole dienen Autoritäten zur Festigung ihrer Machtposition und zur Stabilisierung der von ihr gewünschten Ordnung" (Lauster 1977, S. 9).

Als Beispiel für einen Konzernlenker, der sein Unternehmen mit Machthierarchie und Ordnung zu führen weiß, nennt Lauster den Kölner Versicherungsunternehmer Hans Gerling. Dazu zitiert Lauster aus der Wirtschaftswoche, der zufolge Gerling auf einer Geschäftsführertagung im Jahre 1974 gesagt haben soll:

> „Angstmachen ist im gegenwärtigen Zustand der Wirtschaftsentwicklung ein günstiges und zuverlässiges, ja sogar notwendiges Rezept." (Lauster 1977a, S. 15)

Symbolische Architektur: Einst war die Konzernzentrale noch Machtbastion

Dieses Führungsverständnis – oder sagen wir besser: Herrschaftsverständnis – schlägt sich auch in der Architektur der Zentrale des Gerling-Konzerns (der im Mai 2006 vom Talanx-Konzern, Deutschlands drittgrößter Versicherungsgruppe, übernommen wurde), nieder:

> „Die Konzernzentrale, in der Mitte von Köln gelegen, ist ein neoklassizistische Imponier-Architektur, gegen die sich der Kölner Volksmund ironisch zur Wehr setzt: Durch die Bezeichnungen ‚Palazzo Protzo' und ‚Stalin Allee' wird die beeindruckende Wirkung verarbeitet und abgeschwächt." (Lauster 1977, S. 18)

Wie stark steht diese Beschreibung doch im Gegensatz zu Gebäuden, die wir im Zuge unserer Besuche in den Zentralen großer und kleiner Unternehmen in Österreich, Deutschland und der Schweiz besucht haben.

Mal älter, mal neuer, mal mehr und mal weniger funktionalistisch. Aber niemals protzig. Mal trendig im Hinterhof oder repräsentativ in guter Lage, aber bestimmt nicht mit Imponiergehabe. Das scheint Architektur von gestern zu sein. Allerdings bleibt das Verlangen der Unternehmen, das eigene Selbstverständnis architektonisch auszudrücken. Die Botschaft lautet aber nicht mehr Macht, Herrschaft, Größe, sondern Offenheit, Wärme und Flexibilität.

Design follows function: Schöner arbeiten in der Softwareschmiede

Ein schönes Beispiel für die neue Architektur der neuen Organisationen sind das Zuhause und die auf drei Etagen eines Bürohauses verteilten Arbeitsplätze von freiheit.com: Von außen sieht man nichts oder nicht viel. Von innen bietet sich ein schicker und imponierender 360-Grad-Blick auf Hamburgs Szeneviertel St. Pauli. Die Augen sehen, wie man arbeiten und sich wohl fühlen, leisten und leben, ranklotzen und relaxen kann. Hier soll Arbeiten in Wohlfühlatmosphäre möglich sein. Kein Wunder, dass uns Claudia Dietze nach unserem Gespräch über Führung und Organisation zu einer kleinen Hausführung einlädt: Sie hat die Räume selbst entworfen. „Design follows function" lautet ihr Motto:

„Die Gestaltung des Büros diente in erster Linie dazu, die Arbeit funktional zu unterstützen. Aber wer sagt, dass Arbeit nicht angenehm und schön sein darf?"

Die Raumaufteilung bietet viele Arbeitsplätze. Das macht nicht nur ein Anwachsen der Mitarbeiterzahl möglich, sondern erlaubt es allen, je nach Aufgabe, Lust und Laune einmal hier und morgen dort zu arbeiten: Laptop einstöpseln und los.

Die Unternehmensphilosophie drückt sich auch durch die Möbel, Materialien und die Raumaufteilung aus. Klar, puristisch und doch gemütlich und elegant. Dafür sorgen das offene Büro des Organisations- und Kommunikationsteams mit einem überdimensionalen Schreibtisch aus Eichenholz, viele Arbeitsplätze an langen Tischen, Polstermöbel-Ecken für Teambesprechungen und natürlich der „Hacker Space": Ein Rückzugsort mit bunten Sesseln, viel Spielzeug und Kamin: „Hier trifft man sich, hier tauscht man Pläne aus."

Barista-Lounge deluxe

Besonderer Blickfang ist die offene, voll ausgestattete Küche mit einem Barista-Raum für gelegentliche Kaffeepausen und Gemeinschaftsbar. Drahtstühle von Charles und Ray Eames ergänzen den gekalkten Eichentisch im Breakout-Bereich: „Der perfekte Ort, um zu Mittag zu essen, zu kochen oder sich einfach auf einen After-Work-Drink zu treffen." Das kann man auch auf der großen Dachterrasse – am großen Weber-Grill.

Das klingt wie die Beschreibung aus einem Lifestyle-Magazin. Und in der Tat sind die freiheit.com-Büros schon von einigen Architekturmagazinen und Designblogs betrachtet und für hip befunden worden. Die Küche „ist das neue Statussymbol und hat damit für viele das Auto abgelöst", sagt Kirk Mangels, Geschäftsführer der Arbeitsgemeinschaft „Die moderne Küche" (Handelsblatt 2016). So gesehen ist die Designerküche, die nicht nur für die Mitarbeiter, sondern ebenso für Kunden, Partner und andere offen einsehbar ist, auch ein Symbol. Statt Trade-Off und Kompensation für entgangene Wärme zu sein, unterstützt sie den Austausch, die soziale Nähe und das Miteinander. Bei freiheit.com gibt es keine schlichte Teeküche, sondern eine Barista-Lounge deluxe.

Auch das Herz der Agentur „Virtual Identity" in München ist selbstredend die Theke, an der das Glas mit den Süßigkeiten, die Obstschale und nicht zuletzt die echte italienische Espressomaschine stehen.

Ein Statussymbol für alle. Kein Versprechen auf Vorzüge und herausgehobene Position für Einzelne, sondern Wohlfühlatmosphäre für jeden. Das heißt nicht, dass die Büroausstattung immer im coolen Look der neusten Möbeldesigntrends gehalten sein muss. Bei UnitCargo in Wien zum Beispiel sind die Regale ganz im Sinne der Logistikbranche aus Holzpaletten gestaltet. Die private Anmutung und einladende Atmosphäre entsteht hier zum Beispiel durch die deutlich sichtbare Kinderspielecke:

> „Wenn es einmal Probleme mit der Organisation der privaten Kinderbetreuung gibt, können Eltern ihre Kleinen ins Büro mitbringen. So kann der Nachwuchs das Arbeitsumfeld seiner Mutter oder seines Vaters und auch die Kolleginnen und Kollegen kennenlernen."

Employer Branding statt Abstufung
Wenn die Statussymbole von früher die Konkurrenz fördern und anheizen sollten, so sind die Statussymbole von heute eher Employer-Branding-Maßnahmen für das Kollektiv. Ganz im Gegensatz zu vielen Unternehmen der siebziger Jahre, in denen, wie Peter Lauster festgestellt hat, das Mittagessen nach dem Statusprinzip abgestuft wurde:

> „Ein Speisesaal für nicht leitende Angestellte, ein Kasino für Prokuristen und Bevollmächtigte, ein feudaler Speisetrakt für die Vorstandsdirektoren und für den obersten Chef schließlich ein eigenes Speisezimmer." (Lauster 1977, S. 19)

Geradezu als emblematisches Gegenteil lässt sich das Betriebsrestaurant im Google-Headquarter anführen, in dem die Mitarbeiter nicht nur gratis essen, sondern auch so schmackhaft und gesund, dass selbst die härtesten Google-Gegner sich über jede Einladung zum Mittagessen freuen.

Das Restaurant ist nicht unwichtig. Darüber wird mehr gesprochen und berichtet als über die modernen und ausgefallen ausgestatteten Konferenzräume mit so klangvollen Namen wie „Schietwetter", „Casino" oder „YouTube".

Nichts steht so sehr für das Wohlbefinden der Mitarbeiter wie das Essen – symbolisch wie praktisch. Bei UnitCargo in Wien treffen sich die Mitarbeiterinnen und Mitarbeiter einmal im Monat zum „Multi-Kulti-Brunch". Dann stellt ein Teammitglied während der Mittagspause sein Land, dessen Geschichte und Gebräuche vor und präsentiert typische Speisen, wie Geschäftsführer Davor Sertic berichtet:

> „Während des Essens tauschen wir untereinander Erfahrungen aus, die wir mit dem jeweiligen Land gemacht haben. Diese Plattform erzeugt mehr Verständnis für verschiedene Kulturen, Mentalitäten und Bräuche!"

Vor allem bringt sie Menschen zusammen und sorgt dafür, dass eine Mittagspause eher verbindet als trennt.

Bei Google fördert die Kantine die Rekrutierung der besten Experten, weil so gut wie jeder sich vorstellen kann, hier essen und arbeiten zu wollen. Sie fördert die Unternehmenskultur, weil sich die Mitarbeiter hier treffen und zusammensetzen, statt sich auf die Bistros und Imbisse der Fußgängerzone zu verteilen. Und sie fördert durch gutes, ausgewogenes und gesundes Essen das Wohlbefinden der Mitarbeiter, das dann letztlich auch dem Kunden und damit wiederum dem Unternehmen zugutekommt, wie Google-Personalchef Frank Kohl-Boas betont:

> „Googles mitarbeiterzentrierter Ansatz kommt aus der Überlegung heraus, dass die besten Mitarbeiter die besten Produkte und Services entwickeln und sich diese beim Nutzer durchsetzen."

Diese Sichtweise ist, wie Kohl-Boas hervorhebt, nicht neu und auch kein Einzelfall. Auch Unternehmerlegende und Virgin Records-Gründer Sir Richard Branson betont: „Clients don't come first. Employees come first. If you take care of your employees, they will take care of the clients." Götz Werner, Gründer der dm-Drogeriekette denkt ebenfalls so: „So wie ich mit meinen Mitarbeitern umgehe, so gehen sie mit den Kunden um." Beide sind damit sehr erfolgreich.

Natürlich wird bei Google ebenso wie bei freiheit.com gewöhnlich mehr gearbeitet als gegessen. Auch die Arbeitsplätze folgen einem klaren Konzept. Bei freiheit.com erinnert das futuristische Design der offen gestalteten Arbeitsplätze an Science-Fiction-Filme, weil alle Meeting-Räume nach einer künstlichen Intelligenz benannt sind. Ein bisschen erinnern sie auch an Wohngemeinschaften oder an die Lobby eines 25hours-Hotels. Keine Einzelbüros, nur Open-Space-Flächen. Und mitten im Raum immer wieder Sofas, auf denen man sich zurückziehen und Ruhe suchen kann.

Wenn die Mitarbeiter bei Google für sich sein, telefonieren oder chatten möchten, nutzen sie kleine „Solozellen", die allesamt mit viele Liebe zum Detail gestaltet sind. Ja, Einzelbüros gibt es auch. Aber man sei bei Google sehr darauf bedacht, bekräftigt Frank Kohl-Boas, „dass Hierarchieebenen keine Statussymbole oder Ansprüche begründen". Das zeige sich zum Beispiel in der Tatsache, dass alle Einzelbüros gleich groß sind und vor allem nach der Art der Tätigkeit und nicht nach dem Status vergeben werden: „Vorgesetzte residieren nicht isoliert von ihren Mitarbeitern auf der ‚Teppichetage' und sind auch sonst von allen anderen Mitarbeitern nur schwer zu unterscheiden."

Chefzimmer wird Meeting-Raum

Das Büro von Gisbert Rühl ist ganz oben. Teppich auf den Fluren, Ölgemälde an den Wänden. Der Gebäudekomplex aus den siebziger Jahren ist von den Duisburgern „Silberburg" getauft worden, als Reminiszenz an die silberne Außenfassade des terrassenförmig angelegten großen Baukörpers. Heute heißt das Gebäude „Silberpalais", gehört einer Immobiliengesellschaft und beheimatet neben Klöckner auch noch andere Unternehmen. Gisbert Rühls Büro ist auf der Chefetage. Aber es ist auffallend schlicht und funktional eingerichtet. Ein Schreibtisch und ein großer Besprechungstisch. Die Aufgeräumtheit kommt nicht von ungefähr. Seit Neuestem kann das Büro von allen Mitarbeitern als Besprechungsraum genutzt werden, wenn der Vorstand unterwegs ist. Diese Neuerung ist für Rühl selbst, wie er versichert, kein großes Opfer. Aber ein großer Beitrag zur Kulturveränderung. Die Botschaft soll ankommen:

„Ein eher klassisches Unternehmen wie Klöckner, mit all seiner Ruhrgebiets- und Stahlindustrietradition, ist natürlich sehr hierarchisch geprägt. Aber das bauen wir sukzessive ab, auch dadurch, dass ich mein Büro zur Verfügung stelle, für alle Mitarbeiter, ungeachtet ihrer hierarchischen Position. Das Büro des Vorstandsvorsitzenden ist kein Heiligtum mehr, in das man vielleicht einmal im Leben reinkommt. Die Mitarbeiter können das jetzt einfach buchen."

Horst Pirker von der Verlagsgruppe News sieht es ähnlich:

„Ich habe in meinem Büro überhaupt keinen Schreibtisch mehr, sondern nur noch einen Besprechungstisch. An einer Seite dieses Besprechungstisches arbeite ich. Und die Sessel sind alle gleich hoch und alle drehen sich oder drehen sich nicht, aber die drehen sich halt zufällig. Früher haben mich nämlich diese typischen Chef-Schreibtische, an deren Stirnseite zwei Bittstellerstühle gestellt wurden, wahnsinnig gestört."

Als Oliver Bialowons Geschäftsführer und „Chief Restructuring Officer" der Hülsta-Werke wurde, zog er nicht in das Chefzimmer seiner Vorgänger, sondern machte einen Besprechungsraum zum Chefzimmer, das er mit Möbeln, Büchern und Gemälden aus Privatbesitz ausstattete. „Am liebsten hätte ich überhaupt kein Büro und wäre immer unterwegs", sagt er. Nun ist sein Büro groß und hell und lädt zu Besprechungen und Meetings ein. Vor allem ist es für alle erreichbar.

„Früher war die Treppe, die zur Chefetage führte, mit einer Tür gesichert. Es gab Mitarbeiter, die ihr Leben lang hier gearbeitet und diesen Gebäudeteil nie betreten haben."

Nun ist die Treppe nach oben frei zugänglich.

In der Tat nahmen wir aus all unseren Gesprächen mit, dass es keine heiligen Hallen in den Unternehmen mehr gibt. Mal gibt es gar kein Chefbüro mehr und der oder die Chefin sind mitten im Geschehen. Oder das Büro ist einsehbar, verbunden und auch für andere nutzbar. Es kommt auch vor, dass die Führungskräfte das Gespräch mit uns in einem kleinen Büro, das gerade frei war, führen, weil sie selbst vergessen haben, den Besprechungsraum zu buchen. Oder es klopft mitten im Gespräch und wir werden von jungen Mitarbeiterinnen und Mitarbeitern höflich darauf hingewiesen, dass unsere Zeit abgelaufen und der Raum nun leider belegt sei.

Mit der Umwandlung und Umwidmung der Chefbüros verschwinden auch die Vorzimmer. Wolfgang Niessner, Vorstandsvorsitzender des internationalen Logistikkonzerns Gebrüder Weiss, empfängt uns für unser Gespräch persönlich am Empfang. Er geht mit uns in den Besprechungsraum und kümmert sich um Kaffee und Getränke. Seine Assistentin arbeitet in Teilzeit. Am Freitag, und wahrscheinlich nicht nur an diesen Tagen, empfängt der Chef selbst. Die räumliche Distanz existiert nicht mehr.

Führungskräfte haben keine bevorzugten Räume mehr. Wenn es stimmt, dass Menschen Statussymbole benutzen, um „sich vor den Mitmenschen als besser, wertvoller, ranghöher zu präsentieren" (Lauster 1977, S. 20), dann wird das in den Unternehmenszentralen von heute immer schwerer. Dazu gibt es schlicht und einfach keinen Platz. Auch nicht in Hotels. Zumindest nicht bei 25hours, wie Marketingchef Bruno Martti berichtet:

> „Wenn bei uns ein CEO im Hotel ankommt, dann bekommt er im Normalfall das schlechteste Zimmer. Die guten Zimmer sind für zahlende Gäste reserviert."

Abschied von den drei Fenstern

Ist es so, dass die Etagen, Zimmer und Schreibtische ihre symbolische Bedeutung verloren haben? Weicht der Hang zur Statussymbolik der „Erkenntnis, dass das, was dich glücklich macht, nicht im Äußeren liegt", wie der Hotelier Bodo Janssen überzeugt ist?

Nicht ganz. Oder zumindest nicht überall. Bei Opel zum Beispiel besitzt die Anzahl der Bürofenster noch immer eine hohe Symbolik. Dominique Döttling arbeitet als Direktorin in einem Drei-Fenster-Büro. Ob es ihr etwas ausmachen würde, von den drei Fenstern Abschied zu nehmen? „Wenn das alle machen, gar nix." Und wenn es nicht alle machen?

> „Wenn ich das als Einzige machen würde, wäre das tatsächlich nicht nur ein Status-, sondern automatisch auch ein Machtverlust."

Kaum hat Dominique Döttling diesen Gedanken ausgesprochen, hält sie inne und überlegt:

„Ich glaube, wir sind viel näher dran, als wir alle denken. Ich kann mir gut vorstellen, dass wir hier bald eine Abteilung finden, die sagt: ‚Wir machen es einmal anders.‘ Das würde ich super spannend finden."

Sie schaut aus dem Fenster zum neuen „Powertrain-Gebäude" der Motoren- und Getriebeentwicklung von Opel. Für 210 Millionen Euro hat Opel seinen siebenstöckigen Gebäudekomplex errichtet. Das Bauvorhaben in Rüsselsheim ist sichtbares Zeichen der Opel-Produktoffensive. Von 2016 bis 2020 wird Opel insgesamt 29 neue Modelle auf den Markt bringen. Mit der erneuerten Produktpalette soll der Marktanteil in Europa bis 2022 deutlich auf acht Prozent gesteigert werden.

Im neuen Gebäudekomplex finden sich ausgeprägte Arbeitszonen, Ruhezonen oder Telefonierzonen. „Ein sehr modernes Setting in einem grundsätzlich großen Raum." Ein Experiment, das viele Anhänger des Einzelbüros erst mit Skepsis, dann mit Staunen beobachtet haben, wie Dominique Döttling beschreibt. Viele sagen: „Wirklich, das sieht ja gar nicht so schlimm aus wie befürchtet." Allerdings: Die feste Zuordnung zu Person und Arbeitsplatz hat man auch hier noch nicht aufgelöst – unter anderem deshalb, weil der Betriebsrat hätte zustimmen müssen.

Status wird unsichtbarer – selbst beim Dienstfahrzeug
Nicht nur am Schreibtisch und am Arbeitsplatz verschwinden Statussymbole oder werden unsichtbar. Auch bei einem der für einen Autohersteller wichtigsten Statussymbole, dem Dienstwagen, lässt sich eine Veränderung erkennen. Früher war der Status, der mit einer Position verbunden war, ganz klar am Fahrzeugtyp und an der Fahrzeugklasse zu erkennen. Heute liegt die Bevorteilung vor allem in der freien Auswahl der Sonderausstattung. Der Status besteht also in der Konfiguration und die erkennt man nicht von außen. Weder am Nummernschild noch an der Karosserie lässt sich sehen, ob der Dienstwagen einem Direktor oder einem rangniederen Mitarbeiter gehört. Damit verschwindet Status nicht, aber er wird unsichtbarer. Ganz anders als in der Vergangenheit, wie Dominique Döttling feststellt:

„Ich kenne aus meiner Beraterzeit auch Firmen, die viel mehr durch Statusdenken geprägt waren. Da hat man Mitarbeiter, die keine Dienstwagenberechtigung besaßen und als Privatwagen ein ähnliches Auto fuhren wie der Chef, angewiesen, nicht mehr auf dem Betriebshof zu parken. Ja, da musste man noch überall Status erkennen."

Das Gewicht eines der offensichtlichsten Statussymbole wird bei Opel allein durch die Zugehörigkeit zum internationalen Konzern General Motors abgeschwächt: Jobtitel und akademische Grade. Man redet sich wie in Amerika mit Vornamen an.

„Also gibt es hier unheimlich viele Leute mit Titeln, die nie gesagt werden, weil die Amerikaner das gewohnheitsmäßig nicht tun."

Damit entspricht der Doktorgrad oder der Jobtitel der Premiumausstattung des Dienstwagens: Man hat's, selbst wenn es keiner sieht.

Auch in anderen Unternehmen, die wir besucht haben, hat die Bedeutung der Jobtitel spürbar abgenommen. Unternehmen, die sich an neuen Organisationsformen orientieren, bringen lieber Rollen als Hierarchiegrade zum Ausdruck. Und wenn es gilt, bestimmte Macht- und Einflussabstufungen in Job- oder Rollentiteln zum Ausdruck zu bringen, greifen die Organisationen ganz bewusst nicht auf klassische und traditionelle Begriffe zurück. Sie lassen lieber der Phantasie freien Lauf, um sich bewusst von klassischen Hierarchien abzugrenzen. Uwe Lübbermann von Premium Cola zum Beispiel nennt sich bewusst nicht Chef, Geschäftsführer oder Leiter, sondern wahlweise „Zentraler Organisator" oder „Zentraler Moderator". Bei Praemandatum führen die Verantwortungsträger ein MC auf ihrer Visitenkarte. „MC" steht für „Master Chief" – diesen Titel haben sich die Mitarbeiter aus dem PC-Videospiel „Halo" abgeschaut. So klingt echte Nerd-Ironie …

Jobtitel und andere Statussymbole haben natürlich nicht nur eine Innenwirkung, sondern wirken auch nach außen. Beide sind miteinander verquickt und verstärken sich gegenseitig. So beschreibt Bruno Marti, dass die 25hours-Hotels in der Außendarstellung ihre Direktoren ganz bewusst hervorheben:

„Wir versuchen natürlich ganz bewusst die Position des Hoteldirektors ein bisschen aufzubauen. Dem Gast ist es schließlich wichtig, dass er eine Führungsperson erkennen und sich an sie wenden kann: jemand, der den Hut aufhat. Deshalb nutzen wir den Direktorentitel und Ähnliches, um eine höhere Managementposition auszuweisen."

Symbole als Zeichen der Anerkennung

Beim Begriffspaar Status und Statussymbole haben unsere Gesprächspartner die unterschiedlichsten Assoziationen und kommen so auf unterschiedliche Einschätzungen über Bedeutung und Rolle, die diese Symbole in ihren Unternehmen spielen.

Der eine denkt an den Business-Class-Flug und das Dienstfahrzeug, der andere an die Handymarke und den Jobtitel. Oder an ganz etwas anderes. Manche sehen Statussymbole als Relikte aus alten Zeiten, die nicht mehr zu flachen Hierarchien und demokratischen Organisationsformen passen wollen. Andere sehen in Symbolen eine Möglichkeit, Wertschätzung, Zugehörigkeit und Anerkennung auszudrücken.

Davor Sertic, Gründer und Geschäftsführer der Logistikgruppe UnitCargo, muss lange überlegen, um ein typisches Statussymbol in seinem Unternehmen zu nennen. Dann fällt ihm die Auszeichnung „Mitarbeiter des Jahres" ein, die immer auf der Weihnachtsfeier bekannt gegeben wird: mit großer Ehrung, Vorstellung der Biografie der Mitarbeiterin oder des Mitarbeiters, Würdigung der besonderen Leistung und so weiter. „Das ist schon auch ein Statussymbol", sagt Sertic.

Auf alle Fälle ist es eine öffentliche Anerkennung. Auch Sabine Herlitschka, Vorstand für Technik und Innovation der Infineon Austria, kommt auf unsere Frage eine Auszeichnung in den Sinn: der Innovationspreis, der jährlich verliehen wird. Bewerben können sich die Mitarbeiter mit Innovationsleistungen in den vier Kategorien Technologie, Produktion, Applikation sowie Soziales, Kultur, Management. Der Preis ist in jeder Kategorie mit 5.000 Euro dotiert. Eine Jury, die sich aus Mitgliedern des Infineon Austria Top-Managements zusammensetzt, wählt die vier Siegerprojekte aus. Die feierliche Preisverleihung findet dann im Infineon-Innovationsraum in Villach statt: im Beisein der Infineon Technologies-Austria-Vorstände und des internationalen Infineon-Vorstandsvorsitzenden.

Natürlich ist nicht nur der verliehene Preis ein Symbol. Auch der Status, einen Preis verleihen zu dürfen, ist Ausdruck einer hierarchischen Positionierung, denn er markiert, wer definiert und entscheidet, was preiswürdig und in diesem Fall auch innovativ ist.

Der Preis verfehlt seine Wirkung deshalb nicht, weil er Anerkennung ausspricht. „Wertschätzung ist da der treibende Faktor", sagt Sabine Herlitschka und möchte den Preis vor allem in diesem Sinne verstanden wissen:

> „Und da sind wir als Vorstand immer dabei. Dem wollen wir auch eine gewisse Statuskraft geben."

Klassische Statussymbole gibt es nur in statischen Organisationen

Streng genommen sind die Auszeichnungen zum „Mitarbeiter des Jahres" und der Infineon-Innovationspreis keine Statussymbole. Ja, sie drücken Anerkennung, Freude und Wertschätzung aus. Das tun sie, von den 5.000 Euro Preisgeld einmal abgesehen, vor allem in symbolischer Form. Aber, und das ist das Entscheidende, sie setzen keinen Status auf Dauer fest. Wer wird schon in regelmäßiger Folge Mitarbeiter des Jahres? Oder gewinnt immer wieder den Innovationspreis? Diese Auszeichnungen zeichnen sich gerade durch den Wechsel aus, die Ehre ist nicht statisch. Der Mitarbeiter, der eben noch Mitarbeiter des Jahres war, wird mit der Wahl des Nachfolgers wieder einer von vielen Mitarbeitern. Ohne Probleme. Vor allem: ohne Statusverlust. Die klassischen Statussymbole symbolisieren Dauer: Ein eigener Dienstparkplatz für ewige Tage wäre kein Privileg, ein Drei-Fenster-Eckbüro, das man nur tageweise nutzen darf oder gar teilen muss, kein Ausdruck einer hervorgehobenen Position. Eine Führungskraft, die nicht mehr die Wagenklasse wie früher fahren darf, fühlt sich zwangsläufig degradiert.

Statussymbole passen vor allem deshalb nicht mehr in unsere Welt, weil sie im Widerspruch zur Agilität und zur Lebendigkeit sich wandelnder Organisationen stehen. In Unternehmen, in denen ständig Führungsrollen neu vergeben und Projektteams eingerichtet und aufgelöst werden, lässt sich die Reservierung von Parkplätzen und Büros in bevorzugter Lage schlicht und einfach nicht organisieren. Und umgekehrt: Organisationen mit ausgeprägter Statussymbolkultur wirken auf den ersten Blick alles andere als agil, offen und flexibel.

Nicht die Betonung und Akzentuierung von Ungleichheit ist die vornehmliche Schwäche der herkömmlichen Statussymbole. Aber Statussymbole sind aufgrund ihrer Rigidität, Unbeweglichkeit und Rückwärtsgewandtheit inkompatibel mit neuen posthierarchischen Organisationsformen. Klassische Statussymbole illustrieren immer Ruhm, Erfolge und Leistungen, die in der Vergangenheit liegen. Nicht in der Gegenwart und bestimmt nicht in der Zukunft.

Statusangst: die Furcht, Ansehen und Respekt einzubüßen

Statussymbole sind alles andere als trivial. Sie sind Ausdruck der Organisationskultur. Die Beschäftigung mit Statussymbolen ist für Führungskräfte unerlässlich. Ändern sich die Organisation und damit die Art und Weise, wie Aufgaben erledigt, Entscheidungen getroffen und Erfolge bewertet werden, verändert sich auch die kommunikative Kraft der Statussymbole. Theoretisch könnte man als Führungskraft natürlich auch einfach mit der Abschaffung der Statussymbole beginnen – und sehen, welche Auswirkungen sich für die Organisation ergeben. Diese Reihenfolge zieht aber ein Phänomen nach sich, dass der Philosoph Alain de Botton als Statusangst beschreibt:

> „Wir fürchten, die von der Gesellschaft vorgegebenen Kriterien des Erfolgs zu verfehlen und folglich Ansehen und Respekt einzubüßen."[6]

In unseren Gesprächen haben die Führungskräfte, die auf flache Hierarchien und selbstorganisierende Organisationen setzen und Statussymbole gar nicht erst eingeführt oder sukzessive abgeschafft haben, immer wieder von Begegnungen mit Men-

---

[6] Status Anxiety: A worry, so pernicious as be capable of ruining extended stretches of our lives, that we are in danger of failing to conform to the ideals of success laid down by our society and that we may as a result be stripped of dignity and respect; a worry that we are currently occupying too modest a rung or are about to fall to a lower one." (de Botton 2004, S. 3 f.)

schen erzählt, die umso hartnäckiger Statussymbole für sich einfordern. Wie damit umgehen? Alain de Botton rät allen von Statusangst betroffenen Menschen, „das Bewusstsein des eigenen Wertes zu stützen, statt uns von anderen verrückt machen zu lassen". Für die Führungskräfte ist das eine enorme Coaching- und Entwicklungsaufgabe. Sie verlangt viel Verständnis und Empathie für den Mitarbeiter. Sparda-Vorstand Helmut Lind beschreibt sehr anschaulich das Vorgehen und die Haltung, die er empfiehlt:

> „Natürlich gibt es solche Fälle. Die Frage für mich lautet dann nur: Wie viel Aufmerksamkeit kann und muss ich dem schenken? Das kann mich ja sehr ins alte Denken zurückwerfen. Ich kann aber auch mit Abstand auf dieses Verhalten schauen und mir sagen: Aah, das ist ja interessant, wie sich hier das Alte zurückmeldet. Vielleicht hat diese Person noch keinen Stadtplan für das Neue. Das ist dann so, als ob du in München mit einem Stadtplan von Berlin unterwegs bist."

Wenn altbekannte Orientierungspunkte wie bewährte Statussymbole wegfallen, müssen neue Orientierungspunkte erkannt, akzeptiert und gelernt werden. Diese neuen Orientierungspunkte können gemeinsam zelebrierte Teamerfolge sein, auf Zeit gewährte Vorteile und vor allem öffentlich gezeigte Wertschätzung und Anerkennung.

Die neuen Statussymbole sind flüchtig
Man kann Statussymbole wie der Psychologe Peter Lauster als Indizien der Macht, wie Dominique Döttling als Kompensation für emotionale Kälte oder wie Sabine Herlitschka als Statuskraft durch Wertschätzung sehen. Auf alle Fälle sind sie emotionale Zeichen und nicht zuletzt Ausdruck eines Zugehörigkeitsgefühls. Für Freelancer ohne feste Bindung waren Dienstparkplätze noch nie vorgesehen.

Es werden sich neue Statussymbole etablieren und durchsetzen, die enger als die alten Insignien mit dem Purpose (siehe ▶ Abschn. 2.2.11) des Unternehmens verbunden und zeitlich begrenzt sind. So kann sich zum Beispiel der Expertenstatus – im Einklang mit der Expertenrolle – in der Möglichkeit, Kongresse, Messen und Trainings zu besuchen, manifestieren.

Oder sie führen Trainings und Workshops durch, verfassen Blogs, Whitepaper und Bücher zu ihren Fachthemen. Sie können auch Mitarbeiter coachen, beraten und bewerten: je mehr Coaches oder zu bewertende Peers, desto höher der Status.

Die Entwicklung ist längst nicht abgeschlossen und wird noch manche Überraschung bieten. Alle diese neuen Statussymbole sind ebenso flüchtig und dynamisch wie die Rollen und Status in den Unternehmen. Wer heute einen Workshop moderieren darf, kann nicht den Anspruch erheben, dies immer zu tun, solange er im

Unternehmen bleibt – auch dann nicht, wenn der Trainingsraum drei wunderschöne
Fenster haben sollte …

Zusammengefasst

**Stillstandssymbole vermeiden – neue Ausdrucksformen für Anerkennung,
Wertschätzung und Wärme finden**

Noch ist unsere Arbeitswelt von allerlei Statussymbolen geprägt, die den Aufstieg
in Hierarchien spiegeln und die Position des Einzelnen markieren und sichtbar
machen: der Parkplatz nah am Eingang, das geräumige Büro, der wohlklingende
Titel auf hochwertigen Visitenkarten.

Das Problem mit Statussymbolen besteht im Stillstand, den sie zementieren: Einmal gewährt, lassen sich klassische Statussymbole schwer entziehen.

In neuen Organisationen entstehen neue Rollen und neue Erfolgskennzeichen.
Diese sind aber im Gegensatz zu Statussymbolen nicht statisch, sondern können
auch zeitweise Geltung haben: zum Beispiel Privilegien und Prestige als Speaker
oder Workshop-Leiter, als interner Mentor oder Coach.

Fragen Sie sich selbst:

▶   Welche Statussymbole gibt es in Ihrer Organisation? Sind sie dyna-
    misch oder statisch? Lassen sie sich streichen/wandeln/ersetzen?

▶   Welche Symbole und Ausdrücke gibt es für Anerkennung/Wertschät-
    zung/Wärme?

▶   Welche Statussymbole sind Ihnen persönlich wichtig? Auf welche
    können Sie verzichten?

▶   Welche dynamischen Auszeichnungen gibt es bereits in Ihrer Organi-
    sation? Lassen diese sich ausbauen, vermehren oder gezielt nutzen?

Literatur

Bund, Kerstin (2014), „Generation Y: Wir sind jung … und brauchen das Glück", DIE ZEIT
    Nr. 10/2014http://www.zeit.de/2014/10/generation-y-glueck-geld, zuletzt zugegriffen am
    22.07.2016.
de Botton, Alain (2004), Status Anxiety, Vintage, London.
Handelsblatt (2016), Statussymbol: Küchen sind die neuen Autos, http://www.handelsblatt.
    com/unternehmen/handel-konsumgueter/statussymbol-kuechen-sind-die-neuen-au-
    tos/13571708.html, zuletzt zugegriffen am 24.07.2016.
Lauster, Peter (1977), Statussymbole. Wie jeder jeden beeindrucken will, dtv, München.
Lauster, Peter (1977a), Statussymbole. Wie jeder jeden beeindrucken will, dtv, München.
    (Originalzitat: Wirtschaftswoche Nr. 28/1974, S. 54).

Einmal Führung für alle bitte:

Personalentwicklung auf dem Weg vom Business-Partner zum Sparring-Partner

*„Bei einem Unternehmen wie Infineon werden diejenigen etwas,
die ihr Schicksal selbst in die Hand nehmen."*
Sabine Herlitschka

Personalentwicklerinnen und Personalentwickler müssen jetzt stark sein. Ganz stark. Oft sind sie es, die die Ideen von Selbstorganisation, flachen Hierarchien und agilem Management in ein Unternehmen hineinbringen und mit verschiedenen Lern- und Entwicklungsformaten etablieren. Und am Ende wird ihre Position dann überflüssig. Oder fast überflüssig. Ihre Position wird ähnlich flüchtig wie die der Führungskräfte.

Die Aufgaben lösen sich jedoch nicht auf. Ganz im Gegenteil. Aber sie werden neu verteilt. Personalentwicklung ist keine Funktion mehr, erst recht keine Stabsfunktion. Personalentwicklung wird Aufgabe für alle. Zwar wird es weiterhin Programme, Initiativen und Projekte zum Thema Entwicklung geben. Aber die Initiative, Steuerung und Verantwortung wird mehr und mehr von den einzelnen Abteilungen und Teams ausgehen. Nach wie vor gebraucht werden Initiativen, Inputs, Feedback, Evaluation. Und vor allem eine Lobby für die Weiterbildung.

Mehr Aufmerksamkeit für Lernen – und mehr Dezentralisierung
Die Bedeutung von Lernen und Entwicklung und der Bedarf an konkreter Unterstützung werden rasant zunehmen. Was weniger gefragt sein wird, ist Steuerung, Planung und jegliches Bemühen, mit übergreifenden Programmen eine hierarchisch eingeführte und vom Top-Management verabschiedete Entwicklungsstrategie umzusetzen.

Einerseits wird im Zuge der Digitalisierung und der Veränderung in den Organisationen das Interesse an Aus- und Weiterbildung steigen. Andererseits wird es immer schwerer, den unterschiedlichen Bedürfnissen und Anliegen mit abgestimmten Maßnahmen zu entsprechen. Zwar dürfen sich Personalentwickler über das gestiegene Interesse an ihren ureigenen Aufgaben und Leistungen freuen. Andererseits wird es für sie immer herausfordernder, Lern- und Entwicklungsprozesse zu steuern und zu organisieren.

Irgendwie schwankt die Zunft der Personalentwickler immer zwischen Vorreiter-rolle und Bedeutungslosigkeit. Aber diesen Dualismus und diese Ambiguität schei-nen die Personalentwickler, mit denen wir für dieses Buch gesprochen haben, ge-wöhnt zu sein. Zumindest haben sie sich nicht lange mit Selbstmitleid aufgehalten.

Weniger erfinden, mehr beim Entdecken helfen
Der Medienmanager Horst Pirker geht mit der Personalentwicklung hart ins Ge-richt. Zumindest steht er neuen und mit großem Schwung angekündigten Program-men skeptisch gegenüber. Er warnt Personalentwickler davor, sich zu sehr um die Erfindung von Formaten und Trainingsformen zu kümmern:

„Personalentwicklung erfindet immer viel. Dabei ist immer schon alles da, alles in der Welt. Das müssen nur möglichst viele Menschen für sich entdecken und anwenden. Da hat man so lange Frontalunterricht betrieben, und jetzt müssen wir dringend in irgendwelche Outdoor-Veranstaltungen. Oder ich lerne irgendetwas über eine ganz neue App, die mich dafür mit goldenen Nüssen oder was weiß ich belohnt. Dabei gibt es eigentlich gar keinen Erfindungsbedarf ..."

Das ist ein klares Feedback. Nicht nur an die Personalentwicklung, sondern auch an die Trainingsindustrie, die auf den zunehmenden Wettbewerb mit gesteigertem Output und immer schnelleren Innovationszyklen reagiert. Horst Pirker will keine neuen Programme. Hört man ihm aber genau zu, muss man sein Statement keines-wegs als Absage an Personalentwicklung verstehen. Personalentwicklung soll näm-lich weniger erfinden und dafür den Menschen mehr beim Entdecken helfen. Dieser Anspruch klingt bescheidener. Aber wir sind sicher: Die Umsetzung ist alles ande-re als leicht.

Personalbegleitung statt Personalentwicklung
Traditionelle HR-Lösungen sind typischerweise Programme und Prozesse rund um Recruiting, Mitarbeiterentwicklung, Leistungsbeurteilung, Arbeitspraktiken und Compliance. Die meisten beruhen auf Formularen und Workflows und sind sehr formell gehalten. Nicht immer empfinden Führungskräfte diese Services als hilf-reich, manchmal sogar als Belastung. Oft können HR-Experten das nicht nachvoll-ziehen, haben sie doch viel Fachwissen in die Entwicklung der Instrumente gelegt und Benchmarking mit HR-Kollegen betrieben. Das gilt auch für ihre Bemühungen in der HR-Entwicklung.

Einfach Seminare entwickeln, „die man dann buchen kann oder auch nicht" – das reiche halt nicht mehr, ist Vivi Dimitriadou, Director People bei der Mediaagentur OMD Germany, überzeugt:

„Personalentwickler sollten viel stärker mit den Teams und Führungskräften direkt arbeiten und sie bei der Umsetzung ihrer individuellen Entwicklungsmaßnahmen beraten."

Das wäre dann Personalbegleitung und keine Personalentwicklung. Es mag haarspalterisch klingen, aber bereits die Bezeichnung Personalentwicklung passt nicht mehr. Sie weckt die Vorstellung, dass das Personal das Objekt einer Maßnahme ist. Natürlich können Mitarbeiter sich selbst entwickeln. Genau das wollen viele Personalentwicklerinnen und Personalentwickler auch fördern.

Inspiriert durch die Arbeiten des HR-Gurus Dave Ulrich, der sich dafür einsetzte, dass das Personalmanagement zum Business-Partner des Top-Managements wird und einen sichtbaren Beitrag zur Wertschöpfung leistet, nennen sich viele Personaler bewusst „HR-Business-Partner". Das stellt aus der Sicht Vivi Dimitriadous hohe Anforderungen an die Business-Partner:

„Sicherlich sind die Mitarbeiter in der Personalabteilung Berater der Führungskräfte in allen Fragen der Personal- und Organisationsentwicklung und leisten damit auch einen Beitrag in der Wertschöpfungskette. Das ist jedoch unabhängig von der Bezeichnung HR-Business-Partner. Viel wichtiger ist, wie die Zusammenarbeit zwischen Business und HR tatsächlich in der Organisation gelebt wird. Partner auf Augenhöhe werde ich nicht allein durch den Jobtitel."

Für Personalentwickler sei es zudem nicht nur wichtig, „das Business zu kennen". Es geht um mehr: „Die persönlichen Herausforderungen und Entwicklungsfelder müssen erkannt werden." Und genau das kann eben ein Partner des Top-Managements (wenn es denn in Zukunft noch Top-Management gibt) nicht zwingend besser als die Menschen, die direkt in den Teams und mit den Teams arbeiten:

„Der erste Personalentwickler ist die Führungskraft. Sie kennt das Team und weiß am besten, wo die Themen liegen."

Also alle Entwicklungsmacht den Teamleitern? Nicht ganz. Expertenwissen und Beratungskompetenz in Personalentwicklungsfragen haben weiterhin Konjunktur.

„Ich habe es häufig erlebt, dass jemand zu mir kam und sagte, er brauche ein Kommunikationstraining für sein Team. Nach paar Fragen wie ‚Was ist das Thema?', ‚Wo liegt das Problem?', ‚Wie zeigt es sich?', ‚Was wollt Ihr mit dem Training erreichen?' hat sich im Laufe des Gesprächs herausgestellt, dass kein Kommunikationstraining der Welt eine Lösung geboten hätte. Es ging um ganz was anderes …"

„Sparring" nennt es Vivi Dimitriadou: Ihre professionelle Begleitung der Teamleiter, mit der sie deren Entwicklungskompetenzen verbessern will, ohne mit ihnen in
den Wettkampf um die Deutungshoheit zu treten:

> „Ich glaube, dass die Führungskräfte vor allem eins brauchen und suchen: Austausch
> und die gemeinsame Suche nach der besten Lösung. Jeder bringt dazu eine gewisse
> Kompetenz ein. Erfolg entsteht dann, wenn beides zusammenkommt: das Team, das
> seine Herausforderungen selbst am besten einschätzen kann, und jemand, der das
> in Entwicklungsmaßnahmen übersetzen kann. Jemand, der einschätzen kann, wann
> eine externe Unterstützung hilfreich ist und an welcher Stelle die Entwicklung durch
> interne Maßnahmen begleitet werden sollte."

Personalentwicklung ohne Deutungshoheit
Sparring-Partner: Das hat im deutschen Sprachgebrauch immer eine leicht abwer-
tende Konnotation. Vielleicht sollten wir uns davon lösen. Wenn es keine Befehls-
pyramiden mehr gibt, oder sich diese mehr oder weniger auflösen, dann gibt es auch
keine Meister mehr. Auch keinen Unterschied zwischen Training und Wettkampf.
Und dann ist Sparring die gemeinsame Suche nach der besten Lösung. So könnte
Personalentwicklung ohne Deutungshoheit funktionieren.

Sparring und die Idee der HR-Business-Partnerschaft müssen nicht im Widerspruch zueinander stehen. Frank Kohl-Boas, Googles HR-Chef für Europa, bringt
in der Beschreibung seiner Aufgaben und Funktionen sowohl die klassische Bezeichnung „Business Partner" als auch den Bezug zum Sparring unter:

> „Als HR-Business-Partner ist es mein Anspruch, Führungskräfte in ihrer Führung
> zu unterstützen, Entscheidern ein kritischer und ehrlicher Sparring-Partner zu sein,
> die Evolution der Organisation zu antizipieren, zu fördern und zu fordern und unsere
> gelebte Unternehmenskultur in ihren Prinzipien zu bewahren und ihre Entwicklung
> zu begleiten."

Das ist durchaus ein stattlicher Aufgabenkatalog. Vor diesem Hintergrund hat er
keine Sorge, dass die HR-Arbeit als solche obsolet wird. Allerdings sieht er auch
bei vielen Unternehmen die Notwendigkeit einer tiefgreifenden Transformation der
HR-Abteilung:

> „Mit dem alleinigen Drehen an einzelnen Stellschrauben, um Prozesse zu optimieren,
> Richtlinien zu justieren oder noch ein bisschen effizienter zu werden, ist es wohl nicht
> getan."

Abschied von der alten Arbeitsteilung zwischen Führung und Personalentwicklung

Auch Christiana Zenkl, Personalleiterin bei Infineon Austria, sieht die Personalentwicklung in ihrem Konzern in einem Wandel, der längst begonnen hat und an Rasanz zunehmen wird. Zwar gebe es immer Fälle und Varianten der klassischen Arbeitsteilung zwischen Führungskraft und Personalentwicklung: hier die Entwicklung eines Programms nach Anfrage oder Auftrag, dort die Nominierung und Entsendung der Teilnehmerinnen und Teilnehmer. Aber immer öfter ist die Personalentwicklung proaktiv tätig und entwickelt ein Format, das sie dann offen anbietet: „Wer möchte teilnehmen?" Und mehr und mehr sind es auch die Mitarbeiter selbst, die Themen und Lösungen nachfragen. Das wird nicht nur begrüßt. Es wird immer mehr erwartet. Christiana Zenkl fasst es so zusammen:

> „Die Zeiten, in denen sich der Mitarbeiter zurücklehnt und sagt: ‚Liebe Führungskraft, mache einmal was für mich', sind vorbei. Stattdessen sagen wir: ‚Liebe Mitarbeiterin, lieber Mitarbeiter, es liegt an dir. Folgendes können wir dir anbieten. Was du daraus machst, das liegt an dir.'"

Dieser Schwenk der Personalentwicklung sei nicht ganz trivial, so Zenkl. Vor allem für die Mitarbeiterinnen und Mitarbeiter, „die immer noch meinen, ganz automatisch entwickelt zu werden". Besonderen Schub erhalte die neue Ausrichtung durch digitale Lernformate wie E-Learning oder MOOCs, die wesentlich mehr Eigeninitiative verlangen: „Da muss man viel mehr holen und kann sich viel weniger bringen lassen ..." Das kann ein durchaus gewünschter Effekt sein. Sabine Herlitschka, Vorstandsvorsitzende bei Infineon Austria formuliert es so:

> „Bei einem Unternehmen wie Infineon werden diejenigen etwas, die ihr Schicksal selbst in die Hand nehmen."

Absage an systematisches Talentmanagement

Personalentwicklung soll also weiter passieren, aber die Initiative soll von der Basis ausgehen. Personalentwickler sollen Unterstützung bieten und beraten. Aber, und das ist das Entscheidende, die Initiative und die Entwicklungsvorgaben sollen mehr von der Basis ausgehen. Maßnahmen und Projekte müssen dementsprechend viel schneller konzipiert und umgesetzt werden.

Dieser Trend vollzieht sich im Unternehmen aller Branchen und Größen. So sind für Stefan Teufl, Head of Learning & Development bei der UniCredit Austria, die Zeiten vorbei, in der ein Vorgesetzter Defizite bei einem Mitarbeiter sieht und ihn deshalb auf ein Training schickt. Stattdessen setzen sich selbstorganisierte Lernprozesse immer mehr durch. Genauso beim Softwareentwickler freiheit.com:

> „Bei uns gibt es keinen persönlichen Entwicklungsplan, der Ihnen sagt: ‚In fünf Jahren sehen wir dich da oder da. Und wirst du jetzt hintrainiert.' Diese Fünf-Jahres-Karriereleiter gibt es nämlich gar nicht mehr."

Vielleicht hat es sie nie gegeben. Mit ihrer Einschätzung drückt freiheit.com-Chefin Claudia Dietze genau das aus, was Organisationsforscher Ayad Al-Ani schon seit Langem beobachtet:

> „Jahrzehntelang hat Personalentwicklung in Unternehmen und Konzernen nach dem Motto ‚Du beginnst hier und bist in fünf Jahren da, in sechs Jahren da …' gearbeitet. Das funktioniert aber nicht mehr, wenn kein Unternehmen mehr wissen kann, wie in fünf Jahren die Produkte aussehen werden, weil permanent neue Mitbewerber oder artfremde Industrien auf der Konkurrenzbühne auftauchen und die Unternehmen pausenlos Gegenmanöver starten und neue Produkte auf den Markt werfen müssen."

Al-Ani beschreibt damit das Personalentwicklungsparadox im Zeitalter des Hyperwettbewerbs:

> „Personalentwicklung setzt voraus, dass ich auf Jahre planen kann. Das ist im Hyperwettbewerb aber unmöglich. Hier geht es um viele kleine Trial-and-Error-Schritte, die oft erst im Nachhinein als Strategie erscheinen."

Wenn die Unternehmen, die wir besucht haben, sich bewusst von klassischen Personalentwicklungsprojekten verabschiedet haben, begründen sie dies nicht mit Kosteneinsparungen. Lernen und Potenzialentfaltung räumen sie eher einen größeren als einen niedrigen Stellenwert ein. Statt auf weniger setzen sie eher auf mehr Personalentwicklung. Symptomatisch fasst es Peter Leppelt von Praemandatum zusammen:

> „Ich glaube, die ganze Firma besteht ausschließlich aus Personalentwicklung, so könnte man es vielleicht sagen."

Auch Claudia Dietze von freiheit.com legt Wert darauf, dass Personalentwicklung in das tägliche Arbeiten eingebunden ist:

> „Es muss zur DNA einer Kultur gehören, dass sich die Teams und jeder Einzelne jeden Tag entwickeln. Natürlich sollte man dementsprechend Zeit einplanen – zum Beispiel

für Konferenzen, auf denen sich Softwareentwickler mit Softwareentwicklern austauschen und für neue Themen begeistern können."

Personalentwicklung in diesem Sinne passiert insbesondere in Start-ups täglich, selbstorganisiert und von den Teams selbstgesteuert. Das ist kein zentraler Ansatz, der versucht, pro Mitarbeiterin oder Mitarbeiter Arbeitserfahrung, Fachwissen und Leistungen bis hin zu den Zielen systematisch festzuhalten und auszuwerten. Ayad Al-Ani beschreibt dieses Ansinnen, die Talente der Mitarbeiter aufzulisten, als geradezu kafkaesk:

„Das ist doch völlig sinnlos. Das ist viel zu bürokratisch. Es ist zu komplex, starr und langwierig und führt vor allem nicht dazu, dass Mitarbeiter jetzt initiativ werden können. Eher wird die alte Top-Down-Welt beschworen und versucht, die Skills wieder in ein hierarchisches Programm zu gießen. Zudem sagen diese Skill-Datenbanken wenig darüber aus, was die Mitarbeiter wirklich leisten könnten."

Keine zementierten Lebenswege
Uwe Lübbermann von Premium Cola erteilt systematischem Talentmanagement eine Absage, weil es, wie er sagt, „die Leute auf Lebenswege festlegt". Genau das aber soll bei Premium nicht passieren. Er beschreibt das am Beispiel seiner Buchhalterin Katja:

„Als neue Buchhalterin hätten wir ja jemanden suchen können, der das gelernt hat und viel Erfahrung mitbringt. Dadurch würden wir den Lebensweg dieser Person aber zementieren. Wir haben das bewusst nicht gemacht und haben Katja genommen, die von Buchhaltung so gut wie keine Ahnung hatte. Sie hat sich da erst reinarbeiten müssen. Heute ist sie so gut, dass wir bei der letzten Steuerprüfung keinerlei Beanstandungen hatten. Das musst du erst einmal schaffen als Buchhalterin. Und diesen Weg konnte sie nur gehen, weil wir es ihr offengelassen und sie nicht festgelegt haben."

Vorgezeichnete Karrierepfade entsprechen nicht der Realität in den Organisationen, weil sie zu linear ausgerichtet sind und nicht mehr den Patchwork-Biografien der Menschen entsprechen. Uwe Lübbermann erwähnt im Gespräch das Beispiel einer Mitarbeiterin, die sich bewusst ein Aufgabenfeld mit komplexen und herausfordernden Aufgaben gewählt hatte und dann in einer bestimmten Phase an Konzentrationsschwierigkeiten litt. „In dieser Phase hat sie bewusst einfache Aufgaben übernommen", sagt Uwe Lübbermann. Das ist weder Rückschritt noch Niederlage. „Und wenn wir jetzt ein festes Jobprofil hätten, würde das nicht gehen ..."
Deshalb verzichtet Uwe Lübbermann auf gezielte Entwicklungsmaßnahmen:

„Bei uns läuft es so: Für jede neue Rolle schreiben wir erst einmal den Bedarf grob auf: Was brauchen wir für diese Tätigkeit? Die Antworten versuchen wir im Konsens zu definieren. Dann die nächste Frage: ‚Wer würde das denn gerne machen?‘ In der Regel melden sich immer Freiwillige. Das diskutieren wir anonymisiert und suchen im Konsens einen der Freiwilligen aus, der das dann so lange probieren darf, bis wir merken, ob es klappt oder nicht klappt. Und dann müssen wir die Rollenbeschreibung feinjustieren. Im Extremfall müssen wir uns auch mit den Personen befassen, aber alles im Einvernehmen."

Klar erkennt man hier das Bemühen, die Rolle auf den Menschen zuzuschneiden – und nicht umgekehrt.

Die Lust am Tüfteln und Entdecken

Auch freiheit.com setzt auf agile und spontane Personalentwicklung, die ganz in den Händen der Menschen liegt. Dort gibt es „Factions" (englisch für „Gruppierungen"). Das sind interne Fachgruppen, die abseits der üblichen Aufträge und Abläufe gezielt an Verbesserungen und Wissenserwerb in für das Unternehmen wichtigen Themen arbeiten. Für Programmierer sind das zum Beispiel „Machine Learning", „New Technologies", „Agile Principles" und „Automated Testing". Claudia Dietze nennt das „Ausprobieren auf hohem Niveau".

Pate für „Factions" stand sicherlich Googles Idee der „20-Prozent-Zeit", die das Unternehmen 2004 ins Leben gerufen hatte. Ein Fünftel ihrer wöchentlichen Arbeitszeit konnten die Ingenieure und Programmierer nutzen, um ihre eigenen Ideen zu einem neuen Google-Produkt zu entwickeln. Eine Initiative, die nach ihrer Verkündung in der weltweiten Internet-Community so heftig diskutiert wurde wie kaum ein anderer Vorstoß eines Großunternehmens.

Die Prozentzahl ist nicht entscheidend

Mittlerweile hat Google die 20-Prozent-Regel zurückgenommen oder zumindest abgeschwächt und praktiziert eher eine ähnliche Praxis wie freiheit.com: Entwicklerinnen und Entwickler können nach wie vor Lieblingsprojekte und verrückte Ideen als Lernlabor nutzen. Was es nicht mehr gibt, ist die pauschale Regelung. Nicht jeder Mitarbeiter hat zu jeder Zeit den gleichen Lernbedarf und das gleiche Experimentierbedürfnis wie seine Kolleginnen und Kollegen, wie Frank Kohl-Boas beschreibt:

„Die 20-Prozent-Regel hat zu viel Aufregung und auch Missinterpretationen geführt. Über die Jahre ist der Eindruck entstanden, jeder Mitarbeiter bei Google nehme die 20 Prozent in Anspruch. Dem ist aber nicht so. Projekte stimmen wir schon genau ab.

Aber natürlich kann prinzipiell jeder eine gute Idee umsetzen, wenn es ihm gelingt, genügend Kollegen davon zu überzeugen."

Ob Google die 20 Prozent von Anfang an weniger umfassend verstanden hat, als es so manche Internet-Community interpretiert hat, die von so etwas wie einem freien Tag pro Woche ausgegangen ist, sei einmal dahingestellt. Eine starre 20-Prozent-Regel für Lieblingsprojekte wäre wahrscheinlich ebenso statisch und flexibel wie so manches andere Personalentwicklungsprogramm. Wichtiger ist der Action-Learning-Ansatz, der dem Experimentieren, dem Ausprobieren, dem Lernen und dem Scheitern einen Platz innerhalb der Organisation und der Arbeitsplanung einräumt: Lernen findet jederzeit statt. Entwicklung auch.

Zusammengefasst

Personalentwicklung organisiert sich zunehmend selbst – und braucht umso mehr Sparring

Das Interesse und die Aufmerksamkeit für Lernen und Entwicklung steigen, das Lernen wird zunehmend dezentraler und flexibler. Personalentwicklung wandelt sich zur Personalbegleitung.

Sparring wird für zur wichtigen Aufgabe für Personalentwickler. Teams und Teamleiter erhalten mehr Unterstützung bei der Organisation von Trainings und anderen Personalmaßnahmen. Damit geht aber auch mehr Verantwortung an die Teams. Teamleiter müssen die Entwicklung ihrer Teammitglieder als eine ihrer Hauptaufgaben ansehen.

Fragen Sie sich selbst:

▶ Wie zentral oder dezentral ist die Personalentwicklung organisiert?
▶ Geben Sie der Personalentwicklung als Führungsaufgabe den Stellenwert, den sie verdient?
▶ Welche Möglichkeiten haben die Mitarbeiterinnen und Mitarbeiter, ihre Entwicklung selbst in die Hand zu nehmen?
▶ Wer urteilt wie über Erfolg und Misserfolg der Entwicklungsmaßnahmen?

Mit Turbulenzen wird gerechnet: Selbstorganisation einführen

„Der Einstieg über ein Pilotprojekt eröffnet die Möglichkeit, viele Sachen unterhalb des Radars auszuprobieren."
Britta Bibel-Cavallaro

Aus eigener Erfahrung weiß Holacracy-Entwickler Brian Robertson:

> „Wer auf eigene Faust seine Organisation zum selbstorganisierenden System umgestalten will, nimmt eine zehnjährige Reise auf sich." (ManagerSeminare 2016, S. 20-22)

Vielleicht kann es schneller gehen, vielleicht dauert es länger. Sobald wir in Zeitvorgaben denken, haben wir ein Ziel vor Augen. Dieses Ziel ist in den meisten Fällen weniger klar definiert, als es im ersten Moment erscheint. Mit wie viel Prozent Selbstorganisation wären wir denn zufrieden? Wann wollen wir diese Marke erreicht haben? Und wie können wir wissen, ob wir angesichts des stetigen Wandels und der Unvorhersehbarkeiten dann nicht etwas ganz anderes brauchen?

Keiner unserer Gesprächspartner würde unterschreiben, dass seine Organisation bereits eine Endausbaustufe an Selbstorganisation erreicht hat. Das hat auch niemand bedauert. Die meisten sind nicht aufgebrochen, die Organisation zu verändern, um an einem bestimmten Ziel anzukommen. Sie sind aufgebrochen, um sich und ihr Unternehmen zu verändern.

Wann kommt man an?

Die Frage, ob sich die lange Transformationszeit denn wirklich auszahlt, dreht Robertson einfach um und fragt:

> „Wie lange dauert es, traditionelle Managementhierarchien richtig zu beherrschen?"

Man könne Business-Systeme immer verbessern. Genau wie bei Individuen die Lernreise nie aufhört, lasse sich auch die (Selbst-) Organisation kontinuierlich ausbauen, so Robertson. „Wann und wie kann man denn wissen, dass man ein Ziel erreicht hat?", fragt sich zum Beispiel Frank Klinkhammer. Für Netcentrics kann es gar keine Zielorganisation exakt nach dem Vorbild von Holacracy geben. Netcentrics Projekteams organisieren sich nämlich je nach Kundensituation immer wieder neu:

> „In dieser Hinsicht gehen wir sehr pragmatisch vor. Wir wollen den Kunden ja nicht bekehren oder von einer bestimmten Organisationsform überzeugen, sondern ein Projekt für ihn ausführen. Deshalb wählen wir je nach Kunden eine gewisse Organisationsform. Diese Organisationsform muss nicht immer auf Selbstorganisation setzen. Vor allem geht es in Projekten ja darum, von A nach B zu kommen. Und dafür brauchst du einen Plan. Von verschiedenen Möglichkeiten musst du einen wählen. Manchen unserer Kunden hilft es mehr, wenn wir ihr Projekt nach Scrum-Ideen aufsetzen – und das tun wir dann gerne. In anderen Projekten passt ein etwas traditionelles Projektmanagement besser. Das können wir selbstverständlich auch."

Keine einfache Reise

Eine Führungskraft, die das Unternehmen zu mehr Selbstorganisation führen will, muss mit zahlreichen unvorhergesehenen Ereignissen und mit viel Arbeit im Detail rechnen. Rückschläge und Stagnationsphasen sind nahezu unvermeidbar. Das Ziel kann man definieren, den Kurs aber muss man erst suchen. Schließlich wandeln sich nicht nur Karte und Gebiet. Auch die Menschen, die sich auf die Reise begeben, verändern sich.

Die größte Hürde: der Gedanke, dass es nicht geht

Sparda-Vorstand Helmut Lind beschreibt die zehnjährige Reise seiner Bank als „riesige Herausforderung". Vor allem an seine eigene Person:

> „Ich war vor allem gefordert, an meinen eigenen Glaubenssätzen und inneren Widerständen zu arbeiten. Natürlich hatte auch ich Vorstellungen und Zweifel: Selbstorganisation? Werteorientierung? Gemeinwohlbilanz? Das funktioniert vielleicht in einem kleinen Start-up, vielleicht in einem IT-Unternehmen, vielleicht in einem caritativen oder in einem sozialen Unternehmen. Aber in einer Bank? Das geht nie, das ist unmöglich!"

Als größte Hürde, die er selbst nehmen musste, bezeichnet Lind „den Gedanken, dass es nicht geht". Heute stellt er rückblickend fest:

> „Natürlich stößt eine Führungskraft immer wieder auf Widerstände – in der Kultur, im Prozess. Aber man stellt immer wieder fest: Es passiert etwas, es bewegt sich etwas. Ich bin stets überrascht, wie die Dinge durch Selbstorganisation zu mehr Selbstorganisation führen."

Mittlerweile zieht sich Helmut Lind mehr und mehr aus dem Prozess zurück. Er hat nun auch mehr Zeit, um selbst als Redner auf Konferenzen und Workshops zu Themen wie Achtsamkeit oder Gemeinwohlbilanz zu sprechen. Während des Veränderungsprozesses – Helmut Lind hat hier die vergangenen acht bis zehn Jahre im Blick – war er voll und ganz gefordert. Immer wieder hat er sich die Zeit genommen und ist mit Mitarbeiterinnen und Mitarbeitern in Workshops gegangen, in denen er nicht nur Gastgeber oder Input-Geber gewesen ist. Als Teilnehmer hat er stets seine eigenen Werte und Weltbilder hinterfragt:

> „In diesen Workshops sitze ich nicht als Vorstandsvorsitzender oder als CEO. Nein, da sitze ich als Helmut Lind. Und ich akzeptiere keine Grenzen. Ich spreche frei über meine eigenen Defizite und Schwächen. Die Mitarbeiter erleben mich dann komplett als Mensch. Das öffnet extrem viel und macht im Prozess manches leichter."

Es beginnt beim Individuum
Für Peter Leppelt fängt auch die größte Kultur- und Organisationsveränderung bei der kleinsten Einheit an – dem Individuum:

> „Ich muss mir selbst die Freiheit gewähren können und dürfen, andere Meinungen, Lebens- und Arbeitsweisen anzuerkennen. Nur wenn ich mich damit gut fühle, kann ich diese Freiheiten zulassen, weiterentwickeln und auch nach außen tragen, um auf diese Weise Leute anzuziehen."

„Wenn ich etwas verändern will, dann bin ich gut damit beraten, bei mir selbst anzufangen", sagt der Hotelier Bodo Janssen. Damit ist er im Einklang mit allen Führungskräften, die wir für dieses Buch befragt haben.

Nicht alle können so klassisch bei null anfangen wie der Logistikunternehmer Davor Sertic, der als Ein-Personen-Unternehmen zunächst einmal sich selbst organisieren musste:

> „Ich musste zunächst einmal ganz allein Lösungen für meine Kunden finden. Dadurch war ich ganz auf mich selbst konzentriert – auch, um das Optimum für mich herauszuholen."

Führungskräfte sind gut beraten, die eigenen Ziele zu klären und sich der Qualität und Quantität der eigenen Ressourcen bewusst zu werden. Nur so können sie die notwendige Kraft und Ruhe einsetzen, um mit den Mitarbeitern die Unternehmensziele zu definieren (siehe ► Abschn. 2.2.11), die Prozessgerechtigkeit zu sichern (siehe ► Abschn. 2.2.7) und auch dann Verantwortung zu tragen, wenn die Teams ihre Entscheidungen selbstständig treffen (siehe ► Abschn. 2.2.10). Vor allem muss man konfliktfähig sein, wie Helmut Lind von der Sparda-Bank München herausstellt:

> „Im Vorstand herrscht ja auch nicht immer Friede-, Freude-, Eierkuchenstimmung. Ein neuer Weg trifft auch auf Widerstände und löst automatisch Diskussionen aus: Können wir als Führungskräfte wirklich loslassen? Können wir den Personen vertrauen? Wir müssen die Prozesse doch im Griff haben und kontrollieren!"

Im Rückblick betrachtet Helmut Lind die Auseinandersetzungen, in denen es „auch schon mal richtig gescheppert und gekracht hat", nicht als Karambolage oder Hindernis. Sie sind für ihn integraler Bestandteil des Prozesses zu einer neuen und flacheren Organisation:

> „Der für alle spürbare Konflikt hatte die Kraft eines reinigenden Regens, damit sich alle öffnen und mit etwas Abstand auf die Sache schauen konnten."

„Big Bang" oder schleichende Implementierung?
Am Anfang steht die Definition des Purpose und der Werte des Unternehmens. Wie kann es dann weitergehen? Wie können Organisationen, die auf jahrzehntelangen Traditionen fußen, verändert werden? Welches Tempo ist angemessen, um wirklich alle Mitarbeiter mitzunehmen? Wie kann ein Unternehmen sich eine neue Struktur geben, ohne den laufenden Betrieb zu unterbrechen und Kunden zu verunsichern? Fragen wie diese stellen sich Führungskräfte zurzeit zuhauf. Die Antworten finden sie selten in der reinen Theorie. Die Praxis zeigt zumeist Mischformen und Abwandlungen der Idee einer selbstorganisierenden Organisation. Dementsprechend vielfältig sind die Ansätze und Ideen zur Umsetzung. Sie reichen von der schnellen Einführung nach dem „Big Bang"-Verfahren über schrittweisen Roll-out bis zu sich selbst organisierenden Insellösungen, die sich wie Seerosen auf einem Teich verbinden.

Mentalitäten wechseln nicht über Nacht
Ein Blick auf die vielfältigen Ansätze in der Praxis mit ihren individuellen und zumeist sehr langfristig ausgelegten Zeithorizonten lässt keinen Zweifel. In absehbarer Zeit wird sich eine Vielzahl an großen und kleinen Unternehmen zu „Patchwork-Organisationen" entwickeln (siehe ► Kap. 6). Dort existieren unterschiedliche Formen und Ausprägungen der Selbstorganisation nebeneinander und mit gleichem Recht. Dies schon allein deshalb, weil sich Organisationen nicht im

Schnellverfahren ändern oder einführen lassen. Mentalitäten wechseln nicht über Nacht. Striktes Projektmanagement und gute IT-Tools können die Einführung erleichtern. Aber auch sie können die Zeitspanne der Einführungsphase kaum verkürzen.

Konkret werden

Gisbert Rühl ist überzeugt, dass eine Digitalisierungsstrategie für den Stahlhändler Klöckner immer beides im Blick haben muss: Strukturen und Prozesse sowie Menschen und Kultur. Diese Kombination der Themen drückt zwangsläufig aufs Tempo:

„Das schaffen Sie nicht von heute auf morgen."

Aber er sieht einen Vorteil darin, dass die Arbeit an Strukturen und Prozessen sehr planbar, messbar und konkret erfolgen kann – zum Beispiel mit der Entscheidung für Software- und IT-Systeme und die anschließende Umsetzung. Diese konkreten Themen finden vielleicht leichter Anknüpfungspunkte zu kulturellen Themen und Werten als umgekehrt:

„Man spürt, dass sich was entwickelt, dass man viele Dinge anders umsetzen kann als bisher. Wenn wir diese Mentalität behalten und auf andere Bereiche übertragen können, haben wir viel erreicht."

Auch Helmut Lind hält nichts von Tabula-Rasa-Strategien zur Organisationsveränderung. Er geht lieber punktuell vor und nutzt gerne mal die Gunst der Stunde. Zum Beispiel, wenn eine Schlüsselposition vakant wird:

„Im Moment haben wir im Unternehmen drei sogenannte Piloten. Wir haben nach einem Abgang die Stelle nicht nachbesetzt, sondern dem Team die Aufgabe gegeben, nicht mehr in Positionen zu denken, sondern sich neu zu organisieren. Das haben wir mit fachlichem und persönlichem Coaching begleitet. Mein Vorstandskollege und ich gehen immer wieder in die Prozesse und bieten unsere Unterstützung an. Natürlich muss dieses Team sich jetzt neu finden und alle notwendigen Prozesse zur Selbstorganisation durchlaufen."

So nutzt die Bank dieses Ereignis als Gelegenheit für ein Pilotprojekt, das die Selbstorganisation vorantreibt. Helmut Lind ist wichtig, dass sich diese Gelegenheiten von selbst ergeben. Er vertraut lieber auf den Zufall, als jeden Schritt zu planen. Eine Checkliste für anstehende Pilotprojekte hat er nicht. Er lässt es viel mehr passieren und sich selbst organisieren:

„Ich finde die aktuelle Diskussion über Selbstorganisation sehr spannend: Wir reden immer über die Vorteile und die Notwendigkeit von selbstorganisierenden Systemen – und glauben dann allen Ernstes, wir könnten sie nach strikter Planung einführen. Das kann natürlich nicht funktionieren. Das beste Vorbild für uns ist die Natur: Sie hat Selbstorganisation als Kernmechanismus verankert. Hier findet permanent Selbstorganisation durch Selbstorganisation statt."

Selbstorganisationsinseln
Im Unternehmen Virtual Identity ist das Prinzip der Selbstorganisation nicht flächendeckend eingeführt. Vorstand Ralf Heller spricht eher von Inseln innerhalb der Organisation. Zum Beispiel – und vielleicht zuallererst – im 35-köpfigen Software-Development:

> „Unsere Softwareentwickler waren die ersten, die selbstbestimmtes Arbeiten eingeführt haben. Sie haben ihre Chefs abgewählt und organisieren die Führungsaufgaben selbst. Die Leichtigkeit und der Erfolg, wie dort Verantwortung angenommen wurde, begeistern mich."

Vor allem freut Ralf Heller sich über das große Ausmaß an Kreativität:

> „Ich stehe oft da und denke: Das kann doch gar nicht wahr sein!"

Im gleichen Atemzug ist sich Ralf Heller auch seiner Aufgabe des gesunden Führens (siehe ► Abschn. 2.2.9) bewusst:

> „Diese Teams tragen auch eine große zusätzliche Last. Entscheidungsfindungen sind mühsam, das Feedback geben muss gelernt werden, um Konflikte zu bearbeiten. Die Anforderungen an die Kommunikation mit den Schnittstellen sind für alle höher, da kein Chef die Schnittstelle mehr besetzt. Dadurch schlagen Unsicherheiten ungefiltert in die Teams durch."

Andererseits, so räumt Ralf Heller offen ein, gibt es auch Inseln im Unternehmen, auf denen Selbstorganisation noch gar nicht funktioniert. Deswegen fällt es ihm und anderen Führungskräften schwer, einen Rat oder eine Handlungsanweisung für die Einführung von neuen Organisationsformen zu geben: Nicht nur von Unternehmen, sondern auch von Insel zu Insel sind die Gegebenheiten wie die Erfolgsaussichten völlig unterschiedlich.

Einführung unter dem Radar

Britta Bibel-Cavallaro, Group Head of Compliance & Sustainability bei OC Oerlikon, hat Holacracy in ihrem Bereich eingeführt. Dieser Einstieg im Kleinen bietet ihrer Meinung nach viele Vorteile:

> „Der Einstieg über ein Pilotprojekt eröffnet die Möglichkeit, viele Sachen unterhalb des Radars auszuprobieren. Da kann man auch einmal scheitern ..."

Gescheitert ist sie nicht. Im Gegenteil. Sie sieht ihre Abteilung jetzt viel organisierter und schneller arbeiten:

> „Die Einführung von Elementen der Selbstorganisation hat uns sehr geholfen, effizienter zu sein. Unser Team hat die Kommunikation wesentlich verbessert. Wir arbeiten einfach besser zusammen. Und wir haben alle viel gelernt."

Der Schritt zum Gesamtunternehmen sei dann nochmals ein anderes Kaliber. Es gelinge eben nicht immer, das Top-Management und weitere Unternehmensbereiche und Segmente davon zu überzeugen.

Dabei sind die Ergebnisse, die ihr Projekt erzielt hat, durchaus positiv. Zwar habe es viel Zeitaufwand bedeutet, neue Regeln und Abläufe für Meetings und Entscheidungsprozesse zu erlernen und einzuüben. Die höhere Effizienz und die Verringerung der Reibungsverluste in den Entscheidungsprozessen hätten diese Investition aber auf alle Fälle kompensiert. Projekte laufen nun schneller und führen rascher zum gewünschten Ergebnis. Die Mitarbeiter können sich besser einbringen, Probleme in den Meetings sofort klären und sind wesentlich zufriedener.

Um die Prinzipien der Selbstorganisation auf den gesamten Konzern zu übertragen, verlangt es noch eine Menge Überzeugungsarbeit:

> „Ein Unternehmen wird natürlich sehr von der Führungskultur und den Führungsstilen der Top-Führungskräfte geprägt. Allein schon, wie Kommunikation von der Leitung her stattfindet, wie Führung letztlich vorgelebt wird, setzt ein gewisses Muster für die Organisation. Das ist nur schwer zu durchbrechen."

Deshalb glaubt Britta Bibel-Cavallaro auch nicht an eine „Big Bang"-Einführung, sondern eher an eine evolutionäre Einführung über Inseln und kleine Kreise: Teams und Abteilungen, die für sich den Weg der Selbstorganisation wählen und vorangehen.

Ganz wichtig: Diese Wahl muss freiwillig sein. Uwe Lübbermann erinnert sich, wie er von einem großen Konzern als Berater gebeten worden war, einen Prozess zur Einführung von demokratischeren und selbstorganisierenden Organisationen zu begleiten. Die Idee: Es sollten bestimmte Abteilungen identifiziert und bestimmt werden, um mit der neuen Organisationsform Erfahrungen zu sammeln. Für Uwe Lübbermann der völlig falsche Weg:

> „Man kann Demokratisierung nicht verordnen. Man kann es nur anbieten. Die Menschen und Teams, die sich freiwillig melden, sind dann auch die Richtigen. Und die Chance, dass diese mit der neuen Organisationsform auch langfristig erfolgreich sind, ist wesentlich höher."

Herausforderung „Onboarding"

Allerdings stellt Britta Bibel-Cavallaro auch im kleinen und freiwilligen Kreis eine große Hürde fest, die sich unmittelbar am benötigten Trainingsbudget bemerkbar macht. Wenn das Team, das Selbstorganisation für sich entdeckt und eingeführt hat, relativ klein ist, schmerzt jeder Personalabgang doppelt.

Dann gilt es nicht nur, schnell Ersatz in fachlicher Hinsicht zu finden. Das neue Teammitglied muss aufgeschlossen für Selbstorganisation sein. Es muss sich schnell in das Regelwerk, das sich die Abteilung gegeben hat, einarbeiten. So stellt Britta Bibel-Cavallaro fest, dass ihr Team im Moment unseres Gespräches „etwas weniger mit Holacracy arbeitet", weil zwei Mitarbeiter das Unternehmen verlassen haben. Die Nachfolgerinnen müssen erst noch geschult werden.

Das „Onboarding" neuer Mitarbeiterinnen und Mitarbeiter ist eine große Herausforderung für große und kleine Unternehmen oder Abteilungen, die auf Selbstorganisation setzen. Dies berichtet uns die Mehrzahl der interviewten Führungskräfte. Das Problem kann sich entweder als Belastung erweisen, die den Einführungsprozess extrem verlangsamt. Oder gar als Klippe, an der das Projekt zerschellt.

Noch gibt es nur wenige Mitarbeiterinnen und Mitarbeiter, die bereits Erfahrung mit Selbstorganisation gesammelt haben und ihre Routinen wie „Tactical Meetings" und „Governance Meetings", wie sie zum Beispiel Holacracy definiert, nachweisen können wie Computer- oder Projektmanagementkenntnisse.

Britta Bibel-Cavallaro hat zudem beobachtet, dass sich Angestellte, die jahrelang in einer Hierarchie ohne eigene Entscheidungskompetenzen gearbeitet haben, bei Holacracy stark umstellen müssen. Ihrer Ansicht nach fühlen sich deshalb tendenziell eher jüngere Mitarbeiter oder grundsätzlich offene Mitarbeiter ohne starkes Hierarchiebewusstsein mit dem Konzept wohl. Aber auch diese benötigen Training und Eingewöhnung.

Auch bei Netcentric hat Onboarding hohe Priorität. Frank Klinkhammer begleitet deshalb das dreitägige Einführungstraining für neue Mitarbeiter persönlich. Ebenso investiert Klaus Schwarzenberger bei ExperienceFellow viel Zeit in die

Eingewöhnung, weil er merkt, dass die Wenigsten unmittelbar auf die Arbeit in selbstorganisierenden Teams vorbereitet sind:

> „Studenten, die direkt von der Uni kommen, können zumeist sehr gut selbstorganisiert arbeiten, sonst wären sie im Studium nicht so weit gekommen. Aber die neuen Mitarbeiter, die zuvor bei anderen Arbeitgebern angestellt waren, sind ganz andere Stile gewohnt. Deshalb darf man ihnen keinen Kaltstart geben. Sonst würde das Projekt Selbstorganisation gegen die Wand fahren. Also investieren wir gerade am Anfang viel Zeit, um ihnen unser Denken zu vermitteln: Ja, du darfst bei uns selbst entscheiden. Besorge dir, was du brauchst ...“

Paul Kupfer von Soulbottles sieht ebenfalls den „Onboarding"-Prozess als eine der größten Herausforderungen. Zwar habe das Unternehmen in Berlin den Vorteil, dass viele Bewerberinnen und Bewerber aus der Start-up-Szene kommen und eine positive Einstellung zu Selbstorganisation und agilem Arbeiten mitbringen, so Kupfer. Anders sieht es bei Mitarbeitern aus, die aus klassischen Unternehmen kommen. Für das Onboarding hat Soulbottles die Rolle der „Holacracy-Mentoren" geschaffen: zwei Mitarbeiter, die Ansprechpartner für alle Fragen rund um die Prozesse seien. „Das mildert das Problem etwas", sagt Paul Kupfer. Aus der Welt schaffen können die Mentoren es nicht.

Service Designer Manuel Grassler erinnert sich an seine ersten Tage beim Softwareanbieter Haufe-umantis und gibt offen zu, dass er sich ziemlich umgewöhnen musste:

> „In den ersten Wochen ist man wirklich sehr stark gefordert. Man ist völlig neu und hat durch das Prinzip der Selbstorganisation ziemlich wenig Orientierung oder Guidance. Man muss seine Rolle selbst finden.“

Das schaffen nicht alle innerhalb der ersten drei Monate. Deshalb verliere das Unternehmen viele Mitarbeiter in der Probezeit, die mit der neuen Freiheit nicht umzugehen wissen. Man braucht einen gewissen Reifegrad, so sieht es auch Grassler:

> „Man muss sehr stark auf sich selber hören können. Die klassischen Führungsmechanismen, die dich entweder antreiben oder schützen könnten, gibt es ja nicht. An dieses neue Umfeld muss man sich erst einmal gewöhnen.“

**Nicht alle Mitarbeiter wollen neue Organisationsformen –
und nicht alle sind bereit, daran mitzuwirken**
Nicht nur neue Mitarbeiter brauchen eine Eingewöhnung und eine Annäherung.
Auch Mitarbeiter, die schon lange im Unternehmen und damit lange in einer klas-
sischen Organisationsform gearbeitet haben, tun sich oft schwer, wie R. David
Cummins von Ministry festgestellt hat:

> „Nicht alle sind bereit, von sich aus so viel Verantwortung zu übernehmen. Viele
> müssen es erst einmal lernen. Das hat etwas mit Reife zu tun."

Bruno Marti von den 25hours-Hotels stellt fest, dass insbesondere bei Jobstartern
in der Hotellerie der Wunsch, Verantwortung zu übernehmen, tendenziell sinkt.
Auch Uwe Lübbermann hat in seiner langjährigen Erfahrung mit seinem Kollektiv
Premium Cola ähnliche Eindrücke gesammelt:

> „Leider habe auch ich die Erfahrung gemacht, dass die wenigsten Menschen mit Kom-
> plexität umgehen können oder wollen. Das ist sehr traurig. Irgendwie landen komplexe
> Problemstellungen über Umwege dann doch wieder bei mir. Warum? Ich denke, das
> liegt oft an der Haltung der Menschen. Sie denken sich einfach: Der macht das jetzt
> seit 14 Jahren, deshalb wird er schon wissen, was er tut. Er hat sich bisher immer um
> uns gekümmert, also lass ihn das mal machen. Diese Entwicklung schwankt immer mit
> den Beteiligten. Aktuell haben wir zum Glück wieder mehr Leute, die mit Komplexität
> umgehen wollen. Ich hoffe, das bleibt so."

Paradox: Das Ziel müsste erreicht sein, damit man es erreichen kann
Führungskräften, die Selbstorganisation einführen wollen, begegnet das typische
Organisationsentwicklungsparadox: Das Ziel, das sie erreichen wollen, müsste eigentlich schon erreicht sein, damit die Reise losgehen kann. Offene Kommunikation, Selbstverantwortung und Transparenz sind zugleich Ziel wie Prozessbeschleu-
niger. Selbstorganisierte, autonome und agile Mitarbeiter setzen Selbstorganisation
schneller und bewusster um als andere. Leider liegt genau da das Problem. Dieser
Typ Mitarbeiter ist nämlich alles andere als leicht zu finden, weiß Frank Klinkhammer von Netcentric:

> „Holacracy und ähnliche Modelle der selbstorganisierten, agilen Organisation gehen
> immer von sehr mündigen und sehr motivierten Mitarbeitern aus. Das ist sehr abstrakt.
> Wir haben über 32 Nationalitäten bei uns an Bord. Die Altersspanne reicht mindestens
> von zwanzig bis fünfzig. ‚Den Mitarbeiter' gibt es bei uns also gar nicht. Manche neh-
> men die neuen Ideen begeistert an. Andere sind zurückhaltender. Und diese verschie-

denen Menschentypen muss man integrieren. Und die, die sagen: ‚Das ist mir nicht so wichtig‘, werden ohne Weiteres nichts an ihren Rollen und ihrem Rollenverständnis verändern. Damit muss man umgehen, sonst bleibt die neue Organisationsform von Anfang an blanke Theorie.“

Vor allem muss man einplanen, dass der Kenntnisstand und das praktische Wissen über neue Organisationsformen sehr gering sind. Verleger Horst Pirker warnt vor jeglichen Illusionen:

> „Wenn man bei uns im Haus die Menschen fragen würde, was sie von agiler Organisation halten, dann würden wahrscheinlich 95 Prozent gar nicht wissen, wovon wir reden.“

Nicht jedes Team freut sich über Entscheidungskompetenzen

Das ist natürlich auch eine Generationenfrage. Britta Bibel-Cavallaro zum Beispiel hofft auf die jüngere Generation, die „nicht erst dreißig Jahre Hierarchie entlernen muss“. Affinität für Selbstorganisation kann man aber nicht voraussetzen. Diese Erfahrung haben zum Beispiel Andreas Ollmann und David Cummins gemacht, als sie die Urlaubsregelung nicht mehr zur Chefsache erklärt haben. Die Teams wurden aufgefordert, selbst über die Menge der Urlaubstage zu entscheiden und für die Koordination und die Genehmigung zu sorgen. Das kam unterschiedlich an:

> „Die Reaktionen waren sehr gemischt und unterschieden sich nach Reifegrad der Teams und der Personen. Von ‚Das ist ja wunderbar!‘ bis zu ‚Das wollen wir aber gar nicht!‘ war alles dabei.“

Der Einforderung von Führung entgegenkommen

Wie kann man als Führungskraft damit umgehen, wenn Mitarbeiter das Prinzip der Selbstorganisation bewusst oder unbewusst ablehnen, in den unausgesprochenen Widerstand gehen oder sich schlicht überfordert fühlen? Uwe Lübbermann erläutert seine Strategie an einem Beispiel: Eine neunzehnjährige Bürokraft hatte für sich selbst erkannt, dass sie überfordert war. Sie kam auf Uwe Lübbermann zu und forderte Führung ein: einen genauen Fahrplan mit allen Anweisungen, was wie zu tun sei. Uwe Lübbermann antwortete, dass er das eigentlich nicht liefern wolle, weil er gar nicht in der klassischen Geschäftsführungsrolle agieren mochte. Aber er sah ihren Bedarf und kam ihr entgegen:

> „Wir haben das gemeinsam gelöst. Ich habe mich darauf eingelassen, Orientierungen als ‚Fahrplan‘ genau aufzuschreiben, verbunden mit dem Wunsch, dass diese Orientierungen aber nicht nur befolgt und abgearbeitet, sondern auch verbessert werden. Ich

sagte ihr, ich würde mich freuen, wenn sie meinen Fahrplan verbessern könnte, denn ich mache ja auch Fehler. Das hat sehr gut für beide Seiten funktioniert."

„Das stand nicht auf der Verpackung":
der Widerspruch von Freiheit und Gemeinschaft

Paul Kupfer von Soulbottles weist auf ein Dilemma hin, das viele Unternehmen, die Selbstorganisation als Prinzip einsetzen, entdecken werden: Die Freiheitsgrade, die Mitarbeiter benötigen, wenn sie selbstorganisiert arbeiten wollen, gehen zulasten der Gemeinschaft. Das simple Beispiel eines Start-up-Alltags macht es deutlich: Wenn jeder arbeitet, wie es die Projekte zulassen und es dem Biorhythmus entspricht, wie kann man sicherstellen, dass das Telefon ab 09:00 Uhr besetzt und die Teeküche aufgeräumt ist? „Das stand nicht auf der Verpackung, als wir Selbstorganisation eingeführt haben", stellt Paul Kupfer augenzwinkernd fest.

Handfester und kritischer wird der Widerspruch zwischen Selbstorganisation und Gemeinschaft, wenn es zum Beispiel unmöglich wird, dass sich auch in kleineren Unternehmen gesamte Belegschaften oder Abteilungen zu einem Meeting versammeln, weil Arbeitszeiten und Arbeitsorte kaum noch Gemeinsamkeiten aufweisen.

Peer Recognition (siehe ▶ Abschn. 2.2.3), ein wichtiges Element in selbstorganisierenden Organisationen, droht daran zu scheitern, dass Mitarbeiter, die sich ihre Arbeitspakete je nach Rolle schnüren und ihre Arbeitsplätze und -zeiten individuell ausrichten, sich viel zu wenig austauschen. Wie will man dann die Leistung eines Kollegen bewerten? Auch die Transparenz über Löhne und Gehälter bringt keinen Vorteil, wenn nicht mehr nachvollziehbar ist, was, wie und wie viel eine Kollegin oder ein Kollege für das Unternehmen arbeitet. Vor allem wenn diese Arbeitsleistung dank Home Office und Arbeiten in der Cloud immer unsichtbarer und virtueller wird …

Keiner für alle und jeder für sich?

Der Konflikt von Selbstorganisation und Gemeinschaft lässt sich wahrscheinlich nie ganz auflösen. Umso wichtiger ist der offene und transparente Umgang mit dieser Spannung. Regelmäßige Meetings der gesamten Belegschaft sind ebenso wichtige Rituale wie praktische Kommunikationsforen. Vor allem muss die Spannung offen angesprochen und thematisiert werden, damit Selbstorganisation nicht als Arbeitsweise des „Keiner für alle und jeder für sich" verstanden wird.

Keine Einführung auf Knopfdruck

Christoph Haase hat 2013 in seinem Unternehmen Hierarchien abgeschafft und Selbstorganisation eingeführt. Er lässt Mitarbeiter über Personal, Produktionsweisen und Budget entscheiden. Auf die Frage, was Unternehmen benötigen, die eine ähnliche Organisationsweise einführen möchten, nennt er vier Erfolgsfaktoren:

> „1. Man braucht Mitarbeiter mit dem richtigen Mindset.
> 2. Man braucht Mitarbeiter mit dem richtigen Mindset.
> 3. Man braucht Mitarbeiter mit dem richtigen Mindset.
> 4. Man braucht Durchhaltevermögen." (Hernstein Symposium 2014)

Was zeichnet das gewünschte neue Mindset für Mitarbeiterinnen und Mitarbeiter in neuen Organisationen aus? Frank Klinkhammer wünscht sich von den Mitarbeitern vor allem Selbstreflexion:

> „Man muss in der Lage sein, jedes Problem und jede Lage von außen zu betrachten, den gesamten Prozess zu erkennen und einen Metastandpunkt einzunehmen."

Außerdem ist Unternehmertum im Sinne der Kraft zur Selbstaktivierung gefragt:

> „Eine Haltung und Einstellung, die sich nicht damit begnügt, Probleme zu beklagen, sondern Fragen stellt: Was können wir jetzt machen? Wie kann ich mich einbringen? Wer kann noch helfen? Lasst es uns angehen!'"

Mitarbeiter und Führungskräfte, die freiwillig und selbstmotiviert in neuen Organisationsformen arbeiten möchten, benötigen Unterstützung. Zum Beispiel in Form von Training oder Coaching. So sagt Frank Klinkhammer von Netcentric:

> „Nur weil man Holacracy oder eine andere Form der Selbstorganisation einführt, heißt das noch lange nicht, dass jeder das automatisch kann."

Dementsprechend geht die Einführung bei Netcentric mit der Erstellung eines Leadership-Kompetenzmodells einher. Daraus wiederum werden Trainingsprogramme abgeleitet, die Teamführung und Selbstführung kombinieren. Ein Training der Kompetenzen, die jeder besitzen sollte, der sich selbst und/oder andere führt.

Zusammengefasst

Jede Organisation bahnt sich ihren Weg

Wer Selbstorganisation einführen will, muss mit zahlreichen unvorhergesehenen Ereignissen und mit viel Arbeit im Detail rechnen. Das Ziel kann man definieren, den Kurs aber muss man erst suchen. Im Laufe der Reise verändern sich nicht nur Karte und Gebiet, sondern auch die Menschen, die sich auf die Reise begeben. Führungskräfte sind gut beraten, die eigenen Ziele zu klären und sich der Qualität und Quantität der eigenen Ressourcen bewusst zu werden. Nur so können sie die notwendige Kraft und Ruhe einsetzen, um mit den Mitarbeitern die Unternehmensziele zu definieren, die Prozessgerechtigkeit zu sichern und auch dann Verantwortung zu tragen, wenn die Teams ihre Entscheidungen selbstständig treffen. Vor allem muss man konfliktfähig sein. Konflikte gehören zur Reise zu einer neuen und flacheren Organisation einfach dazu.

Am Anfang steht die Definition des Purpose. Wie es danach weitergeht, muss sich an den Bedürfnissen und Gegebenheiten der jeweiligen Organisation orientieren. In der Praxis finden sich zumeist Mischformen und Abwandlungen der Idee einer selbstorganisierenden Organisation. Dementsprechend vielfältig sind die Ansätze und Ideen zur Umsetzung. Sie reichen über die schnelle Einführung nach dem „Big Bang"-Verfahren über schrittweisen Rollout bis zu selbstorganisierenden Insellösungen und Pilotprojekten.

Fragen Sie sich selbst:

▶ Wie viel Prozent Ihrer Mitarbeiterinnen und Mitarbeiter verfügen über ein Mindset, das zur Selbstorganisation passt?

▶ Gibt es Bereiche, die Selbstorganisation schnell und einfach für sich umsetzen können? Wie können andere Bereiche von den Lernerfahrungen profitieren?

▶ Können Sie verdiente Mitarbeiterinnen und Mitarbeiter ohne Verständnis oder Mindset für Selbstorganisation einbinden? Mit welchen Arten der Systemabwehr müssen Sie rechnen?

▶ Wie bereiten Sie sich auf Rückschläge auf dem Weg zu mehr Selbstorganisation vor?

▶ Stoppt Sie manchmal der Gedanke, dass es nicht gelingen könnte? Welches Mittel gegen Mutlosigkeit setzen Sie ein?

Literatur

ManagerSeminare (2016), Führung neu verteilen. Brian Robertson im Gespräch mit Lars-Peter Linke, in: Ausgabe 01/2016, S.20-22.
Interview zum Hernstein Symposium 2014.

Organisation im Übergang: Der praktische Charme des „Sowohl als auch"

„Entscheidend ist nicht die Frage, ob es Hierarchien gibt, sondern wie sie sich auswirken und wie Führung gelebt wird."
Frank Kohl-Boas

Es ist wenig erstaunlich und alles andere als überraschend: Keiner unserer Gesprächspartner vertritt die Auffassung, dass seine oder ihre Organisation bereits zu hundert Prozent selbstorganisiert oder hierarchiefrei wäre. Entscheidender und bemerkenswerter: Das strebt auch niemand an. Vielmehr geht es um graduelle Entwicklungen und Stärkung von Elementen der Selbstorganisation.

Die Führungskräfte sehen, dass sie den Kontakt zwischen Führungskräften und Mitarbeitern verbessern, Entscheidungsprozesse neu organisieren und die tägliche Arbeit stärker als bisher an Sinn und Werten ausrichten müssen. Die Liste der Beispiele ließe sich beliebig fortführen.

Fest steht aber auch: Selbstorganisation, Agilität und flache Hierarchien sind weder Selbstzweck noch heilsbringende Elemente.

Viele unserer Gesprächspartner haben positive Erfahrung mit dem Abbau von Hierarchien, Statusdenken und tayloristischen Prinzipien gemacht. Und sie glauben dennoch, dass Hierarchien nicht gänzlich unverzichtbar sind.

Unternehmen in Sanierungsphasen schalten in den Safety-Modus
Verleger Horst Pirker beobachtet zwar grundsätzlich einen Trend in Richtung partizipativere Prozesse. In Reinkultur seien diese aber noch eher die Ausnahme als die Regel. Vor allem in Sanierungsprozessen greifen seiner Meinung nach die meisten Unternehmen und die meisten Führungskräfte auf bewährte Muster zurück:

„Die Fehlertoleranz ist in diesen Phasen sehr gering. In einer Krisenphase gehen Personen wie Unternehmen natürlich in den Safety-Modus. Und so hält man an den Standardprozessen fest. Man hat eben wenig Spielraum, um Dinge auszuprobieren und zu sagen: ‚Na, war halt nix, probieren wir es noch einmal' oder ‚War zu langsam, wir fangen von vorne an.' Da geht es einer Führungskraft wie dem Notarzt an der

Unfallstelle. Der kann auch nicht sagen: ‚Machen wir einmal in Ruhe eine Laborun-
tersuchung und schauen wir einmal, wie die Parameter sind.' Das geht halt nicht."

Dem „Hierarchie-Bashing" widerstehen

Stefan Teufl, Head of Learning & Development bei der UniCredit Austria, beobachtet in der aktuellen Literatur über Führung und Organisation ein regelrechtes „Hie-
rarchie-Bashing". Dabei sei es unleugbar, dass Führung in Unternehmen zumeist
noch im Rahmen von Hierarchien ausgeübt werde.

Zwar verlangsamt Hierarchie Veränderungen. Sie steht auch einem agilen, situ-
ationselastischen Agieren entgegen. Aber Hierarchie bietet Stefan Teufl zufolge
auch viele Vorteile wie Stabilität, Orientierung und Sicherheit. Und zwar für alle
Beteiligten:

> „Ich glaube nach wie vor, dass Hierarchie auch ein wichtiger Mechanismus zur Ab-
> sorption von Unsicherheit ist und deshalb auch in unseren Zeiten viele Vorteile bietet."

Die Frage nach der Hierarchie lässt sich nicht mit einem einfachen Ja oder Nein
beantworten. Hierarchie muss nicht unmodern und Selbstorganisation muss nicht
fortschrittlich sein. Wichtiger, so Stefan Teufl, ist die Frage, wie Führungskräfte mit
Hierarchien umgehen, wie sie sich in Hierarchien bewegen. So betont Frank Kohl-
Boas von Google:

> „Entscheidend ist meiner Erfahrung nach nicht die Frage, ob es Hierarchien gibt,
> sondern wie sie sich auswirken und wie Führung gelebt wird."

Die Suche nach neuen Organisationsformen und nach neuen Betriebssystemen für
die Organisation, die sich in Spielarten wie Holacracy und anderen Ansätzen zeigt,
ist vielleicht ein Ausdruck des steigenden Bewusstseins, dass Management- und
Führungsansätze des 20. Jahrhunderts im 21. Jahrhundert nicht mehr greifen. Nach
unseren Gesprächen sind wir aber mehr denn je überzeugt: Der Weg zu mehr Agilität, mehr Mitarbeiterorientierung und Auflösung der Silos beginnt nicht bei der
Einführung von neuen Prozessen, Regeln und Strukturen. Er beginnt im Denken
und Handeln der Führungskräfte.

Führungskräfte werden heute mehr gebraucht denn je. Sie müssen die Brücke
vom Alten zum Neuen schlagen. Sie müssen Führung vorleben und vorangehen. Sie
müssen führen, indem sie Führung neu verteilen.

Kein „Alles-oder-nichts-Prinzip"

Es ist schwer vorherzusagen, wie die Organisationsform der Zukunft aussehen kann. Eines lässt sich bereits heute absehen: In den nächsten Jahren werden mehr und mehr Mischformen entstehen, die ebenso hierarchische wie agile Elemente enthalten. Immer mehr Unternehmen beschäftigen sich mit neuen Führungs- und Steuerungsansätzen und entwickeln diese dann im eigenen Unternehmen weiter. Es gibt also die Tendenz, dass es nicht mehr den einen richtigen Ansatz, sondern nur mehr die für die jeweilige Organisation passende Praxis gibt. Ganz und gar nicht zur Freude von so manchen externen Experten und Beratern, die oft nach dem „Alles-oder-nichts-Prinzip" vorgehen und eine bestimmte Methode als das einzig Wahre verkaufen.

In diesen gemischten Organisationsformen werden Führungskräfte neue Handlungsmuster entwickeln, ohne Führung von Grund auf neu erfinden zu müssen.

John P. Kotters Vorschlag für ein „duales Betriebssystem für Unternehmen"

Der amerikanische Change-Managementexperte John P. Kotter ist davon überzeugt, dass Unternehmen ein duales Betriebssystem benötigen: Die Sicherheit und Effizienz der normalen Organisationsform mit Hierarchie, Führung und Command-and-Control-Mechanismen müssen durch ein freiwilliges Netzwerk ergänzt werden, das die notwendige Schnelligkeit und Agilität in die Organisation bringt (Kotter 2014).

Kotter stellt dem klassischen Top-Management also eine Freiwilligenarmee an die Seite, die sich agil und selbstständig organisiert: Das Top-Management kann Ideen formulieren und dann an das zweite Betriebssystem weitergeben:

> „Die Leute im ‚zweiten Betriebssystem' werden sich selbst organisieren. Sie werden das im Rahmen der Leitplanken tun, die das Top-Management vorgegeben hat. Denn das gibt ihnen Sicherheit. Aber dann starten sie durch." (Kotter 2016)

Denkt man Kotters Ansatz zu Ende, wird die Grenze zwischen erstem und zweitem Betriebssystem immer flüchtiger. Kotter selbst geht von einer hohen Durchdringung der beiden Systeme aus:

> „Die Leute rotieren rein und raus, sobald ein Platz frei wird oder anderes ansteht." (Kotter 2016)

Je größer die Durchdringung ist, desto schwieriger wird es wahrscheinlich, die zwei Betriebssysteme trennscharf zu identifizieren. Agile Organisationsformen und klassische Top-Down-Hierarchie würden dann zu gleichen Teilen zum Unternehmenserfolg beitragen.

Mosaik der Möglichkeiten: die Patchwork-Organisation

Eine ähnliche Gleichzeitigkeit und Gleichwertigkeit verschiedener Organisations-ansätze in einem Unternehmen schwebt auch dem Hernstein-Berater Stefan Dobl-hofer vor. Er geht davon aus, dass wir in näherer Zukunft keine Ablösung der tradi-tionellen Pyramide durch ein neues Organisationsmodell erleben werden. Die in-tensive Suche danach wird sich aber in vielen Experimenten niederschlagen und im Ergebnis wird die typische größere Organisation von morgen ein Patchwork dar-stellen – widersprüchlich, aber voller Stärken.

Mindestens bis 2020 werden viele erfolgreiche Unternehmen also ein ziemlich buntes und vielfältiges Innenleben aufweisen: Neben Strukturen und Prozessen, die ihre eigenen Traditionen und Erfolgsgeschichten besitzen, stehen neue Elemente, die ebenso Hoffnungen und Wünsche wie Zweifel und Ängste wecken.

In einem Beitrag für das Magazin Hernsteiner hat Stefan Doblhofer seine Vor-stellung einer Patchwork-Organisation ganz plastisch visualisiert und für sich das archetypische Unternehmen 2org20 entworfen (Hernsteiner 2016, S. 21-24). Die-ses fiktive Unternehmen ist gerade deshalb erfolgreich, weil in ihm verschiedene Ansätze verwirklicht sind, ohne sich gegenseitig infrage zu stellen. Gleichzeitig schnell, agil und qualitätsgetrieben. Transparent nach außen und innen, sozial ver-antwortlich und integer.

> „Verschiedene Organisationsmodelle und Führungsprinzipien koexistieren und über-lappen sich. Sie schaffen dabei Widersprüche und Ungereimtheiten. Doch die unter-schiedlichen Strukturen spielen auch ihre Stärken aus – die Territorialorganisation im Sales-Bereich sorgt beispielsweise für Kundennähe, während Scrum in der IT-Abteilung Tempo und Flexibilität garantiert."

Stefan Doblhofers Idee der Patchwork-Organisation ist kein Idealbild. Er betont, dass es bei der Zusammenarbeit in dem fiktiven Unternehmen 2org20 durchaus zu Stress, Friktion und Frustration kommt. So vermutet er zum Beispiel, dass bereits heute offensichtliche Widersprüche anhalten und neue Spannungen dazukommen werden – wie zum Beispiel die Spannung zwischen technologisch Machbarem und dem Schutz der Persönlichkeit:

> „Die 2org20 stellt einen Schritt in die Zukunft von Organisationen dar, nicht ins Para-dies. Manche der Mitarbeiterinnen und Mitarbeiter der 2org20 mögen ihre Organisati-on lieben, für andere mag der Unterschied zu heute noch kaum fühlbar geworden sein."

Die große neue und alle Probleme lösende Organisationsform lässt vielleicht noch auf sich warten. Die Idee der Patchwork-Organisation, die Agilität und Beständigkeit, Verantwortung und Experimentierfreude vereint, ist durchaus schon Realität:

„Strategisch fährt die Firma, wo immer sie kann, auf Sicht. Wo sich eine Chance zeigt, ob durch eine Innovation oder durch einen Kundenimpuls, wird sie ergriffen. Auch wenn sie die Unternehmensstrategie ein Stück weit verschiebt. Der Purpose, die unternehmerische Sinnfrage, ist wichtiger geworden als eine langfristige strategische Positionierung. Change-Management bleibt eine permanente Aufgabe. Zu groß ist die Gefahr, dass sich zum Beispiel durch größere Erfolge individuelle Ansprüche, Prozesse oder Organisationsstrukturen wieder verhärten."

Gefragt: Einigkeit, dass Uneinigkeit erlaubt ist
In Patchwork-Organisationen trifft jeden Tag das Alte auf das Neue, das Strukturierte auf das Chaotische, das Schnelle auf das Langsame. Alles steht „gleich-wertig" und „gleich-berechtigt" nebeneinander. Dieses selbstorganisierende Nebeneinander kann nur dann Bestand haben, wenn es in grundlegenden Fragen und Auffassungen Einigkeit gibt. Zum Beispiel Einigkeit darüber, dass das Patchwork der Organisationsformen dem Unternehmen eher zum Vorteil als zum Nachteil gereicht.

Einigkeit nennt auch Peter Leppelt, Geschäftsführer von Praemandatum, als Grundvoraussetzung sowohl für die Einführung als auch für das Funktionieren einer selbstorganisierenden Organisation. Das sei allerdings schwer genug:

„Die größte Herausforderung liegt darin, sich einig zu sein, dass man auch uneinig sein kann. Alle müssen das Bewusstsein haben und pflegen, dass sie sich bei Meinungsverschiedenheiten immer bewusst sind, dass auch die abweichende Meinung genauso viel Wert und Recht besitzt wie die eigene."

Patchwork durch Co-Creation
Patchwork-Organisationen können auch durch den neuen Trend der Co-Creation entstehen. Verschiedene Formen dieses Denkens und Designansätze erleben gerade einen Höhenflug. Oft geht die Entwicklung von den kundennahen Bereichen und der Produktentwicklung aus. Dort werden Praktiken wie zum Beispiel Design Thinking ja schon seit Längerem eingesetzt.

Der Schmuckhersteller Swarovski beispielsweise bezieht die interessierte Öffentlichkeit nicht nur ins Produktdesign ein, sondern auch in die Diskussion um die Strategie des Unternehmens. Nicht nur die Kunden, auch andere Interessierte können hier mitreden.

Diese konsequent auf die Nutzer ausgerichteten Innovationsmethoden haben natürlich auch Einfluss auf die Führungskultur und auf die Organisationsentwicklung in den Unternehmen. Schon allein deshalb, weil es kein Tabu ist, Regeln, Prozesse und Strukturen anzusprechen und infrage zu stellen.

Netarchie statt Hierarchie

Auf Co-Creation setzen viele. Fiat hat sein Modell Mio für den brasilianischen Markt komplett von Internetnutzern designen lassen. Tchibo, Procter & Gamble, Coca-Cola. Kaum ein großes Unternehmen, das nicht im Moment oder in den vergangenen Monaten seine Erfahrung mit Co-Creation gesammelt hätte.

Auch Tele-Haase in Wien setzt auf diese Philosophie. Mit dem Konzept der „Smart Factory" hat es sich eine, wie es das Unternehmen selbst bezeichnet, Spielwiese geschaffen, auf der es mit anderen kooperiert:

> „Wir machen die Welt mit dem besser, was wir am besten können, mit cleverer Technologie. Dabei sind wir ‚die cleveren Umsetzer', nicht unbedingt die ‚Erfinder'. Gemeinsam mit Kunden, Partnern und Innovatoren verwandeln wir nachhaltige Ideen in praktische Lösungen."

Suchten Unternehmen vor zehn Jahren noch die konkurrenzfreie Zone, streben sie heute Kooperationen an, um komplexe Herausforderungen bewältigen zu können. Das hat auch Auswirkungen auf die interne Organisation. Hier wird vieles transparenter und offener.

Der Organisationsforscher Ayad Al-Ani ist überzeugt, dass an die Stelle der Hierarchie mehr und mehr eine „Netarchie" treten wird: die Kombination aus Hierarchie, Kooperation und Vernetzung. Nach außen öffnet sich das Unternehmen für Kooperationspartner, nach innen gibt es den Mitarbeitern mehr Freiheiten und löst sich von strikten Command-and-Control-Hierarchien.

Auch die Netarchie wird ein Konglomerat aus verschiedenen Organisationsformen sein. Ein Neben- und Miteinander von verschiedenen Strukturen:

> „Da, wo es sinnvoll ist, werden die Unternehmen neue Kollaborationsformen einführen und fordern – ganz im Sinne des Peer-to-Peer-Gedankens. Daneben gibt es Bereiche, die sich in der nächsten Zeit nicht so schnell verändern und weiterhin traditionell organisiert sind. Bis zur Blockchain-Revolution dachte man das zum Beispiel für den gesamten Finanzierungsbereich: Buchungsvorgänge, Rechnungswesen. In diesen Bereichen werden die Menschen in den nächsten fünf Jahren oft noch genauso ihre Arbeit verrichten, wie sie bisher auch gemacht haben. Und zwar so lange, bis man einen Weg gefunden hat, um diese Tätigkeiten komplett zu automatisieren."

Ayad Al-Ani verweist auf Hans Moravec. Der Roboterforscher geht schon seit gut fünfzehn Jahren davon aus, dass im Jahr 2050 Automaten den Homo sapiens überrundet haben werden. Stellen wir uns also darauf ein, dass bereits in wenigen Jahren mehr und mehr Aufgaben automatisiert sein werden. Wenn dem so ist, dann sollte die fehlende Erfahrung mit Selbstorganisation in diesen Bereichen nicht die Entwicklung anderer Bereiche des Unternehmens aufhalten.

Konzernstrukturen: Patchwork-Familienidyll?

Und was passiert in der Zwischenzeit? Ayad Al-Ani geht davon aus, dass es bis dahin eine „Parallelität von traditioneller Organisation und neuen Kollaborationsformen" geben wird: ein Nebeneinander der Betriebssysteme. Patchwork also. Das kann Jens Müffelmann mit Blick auf den Medienkonzern Axel Springer bestätigen:

> „Es gibt natürlich auch weiterhin Strukturen und Hierarchien mit eindeutiger Daseinsberechtigung – das merken wir auch in unseren Beteiligungen. Mit zunehmender Größe müssen Strukturen entstehen, die eine Organisation tragen. Unabhängig davon gilt sicherlich die Logik, dass Strukturen und Hierarchie in einzelnen Teams und Abteilungen immer auch davon abhängen, mit welcher Aufgabe man konfrontiert wird: Sind diese besonders kreativer, schaffender Natur, können übermäßige Strukturen und Hierarchien eher hinderlich sein. In Bereichen mit repetitiven Abläufen sind Strukturen und Hierarchien effizienter."

Der Vorstandsvorsitzende Matthias Döpfner greift in einem Interview bei der Beschreibung des gesamten Konzerns ganz bewusst auch auf die Metapher einer Patchwork-Familie zurück:

> „Die Großfamilie als Leitbild, vielleicht als eine Art Patchwork-Familie, in der es sehr unterschiedliche Familienmitglieder gibt." (Uhlig 2016)

Das Bild der Großfamilie vermittelt den harmonischen Eindruck von Menschen, die bei aller Individualität und mit all ihren Eigenheiten und Charakterzügen doch verbunden sind. Auch wenn sich Wege trennen oder Auffassungen auseinandergehen: Alles bleibt in der Familie. Und vor allem: Man bleibt in der Familie. Aus Familien kann man ja, anders als aus Unternehmen, nicht austreten.

Ein Spiel auf Zeit?

Ayad Al-Ani beschreibt die Patchwork-Strukturen in den Unternehmen nicht ganz so harmonisch. Er sieht gerade in der Verschiedenheit der Organisationsformen und in den gegensätzlichen Auffassungen und Führungsbildern eine große Herausforderung für Unternehmen. Deshalb vermutet er, dass viele Unternehmen auf Zeit spielen:

„Sie geben ihr Bestes, um die bestehende alte Organisation halbwegs am Leben zu erhalten. Und zwar so weit und so lange, bis man die heute 45+-Jährigen, die noch in klassischen Strukturen denken und arbeiten, in Pension schicken kann. Diesen unterstellt man nämlich, dass sie nicht mehr in der Lage sind, sich auf die neue Welt und die neuen Organisationen einzustellen. Deshalb versucht man dann, parallel mit jüngeren Arbeitskräften den Netarchie-Anteil einer Organisation – also Kooperation, Vernetzung und Selbstverantwortung – auszubauen. Die jungen Mitarbeiter wollen und werden dann automatisch in diesen Strukturen arbeiten, weil sie das bereits aus Schule, Studium und Privatleben gewöhnt sind."

Spiel auf Zeit als wichtigste Waffe der Systemabwehr. Das wäre die weniger romantische, vielleicht auch weniger optimistische Sicht. Festhalten lässt sich: Noch kann niemand wirklich sagen, wie lang die Phase des Übergangs sein wird. Es wird Zeit, sich darauf einzulassen.

Aber viele Unternehmen suchen noch immer einfach einen „One-stop-Quickfix". Sie wollen die eine Lösung, um agil zu sein, die dann am besten stabil und unverändert bleibt. Das ist ein Widerspruch in sich. Ein Anachronismus aus früheren Zeiten, als man noch davon ausging, dass man etwas ändert, um danach wieder Ruhe zu haben. „Defreeze – Change – Freeze" war eine der Formeln des Change-Managements in den achtziger und neunziger Jahren. Heute gibt es nur noch Change. Aus Change-Management ist Management geworden.

Zwischen den Welten wandeln und beidhändig führen

Bleibt die Frage: Braucht es vielleicht zwei Typen von Führungskräften? Eine klassische Führungskraft für die klassische Organisation und eine neue Führungskraft für die Netarchie innerhalb desselben Unternehmens? Die Antwort liegt im Prozess: „Wahrscheinlich wird sich Führung mehr und mehr aufteilen", vermutet Ayad Al-Ani. Er glaubt, dass ein „beidhändiger Führungsstil" entstehen wird, der „versuchen muss, beide Welten halbwegs zusammenzuhalten und vielleicht einmal mehr in die eine oder andere Richtung tendieren wird".

Art und Ausmaß der Aufteilung können dann ganz nach Dauer, Projektart, Projektgröße und vielen anderen Parametern erfolgen. Selbst wenn Führungskräfte innerhalb eines Unternehmens einer Organisationseinheit vorstehen, die vergleichsweise traditionell und hierarchisch geführt wird, muss ihr Führungsstil auf altes und neues Organisationsdenken anwendbar sein. Sie müssen beide Welten verbinden können und den Austausch an Informationen, Ideen und Personen ermöglichen. Dazu müssen sie zwischen den Welten wandeln.

Dr. Christian P. Illek, Vorstandsmitglied der Deutschen Telekom, sieht im Managen von ambivalenten Organisationsstrukturen in der digitalen Welt die Hauptaufgabe für Führungskräfte. Deshalb spricht auch er von ambidextren Organisationen (englisch ambidextrous = beidhändig, siehe Glossar):

„Die wenigsten arbeiten ja in jungen und unkonventionellen Start-ups, sondern in Unternehmen, die auf der einen Seite das Kerngeschäft sichern wollen und auf der anderen Seite Innovationen und neue Geschäftsideen entwickeln müssen. Das Spannungsverhältnis von Effizienz und Innovation in ambidextren Unternehmen verlangt ressortübergreifendes Denken sowie eine bessere und intensivere Kommunikation. Ambidextre Organisationen zeichnen sich dadurch aus, dass sie im operativen Geschäft effizient agieren und gleichzeitig flexibel und innovativ auf Chancen und Marktveränderungen reagieren. Die Kunst des Managers besteht letztlich darin, die Balance zwischen beiden Welten im Unternehmen zu justieren." (Illek 2016)

Zusammengefasst

Jede Organisation hat ihre eigene Story
Der Weg zu mehr Agilität, mehr Mitarbeiterorientierung und Auflösung der Silos beginnt nicht bei der Einführung von neuen Prozessen, Regeln und Strukturen. Er beginnt im Denken und Handeln der Führungskräfte.
Führungskräfte werden heute mehr gebraucht denn je. Sie müssen die Brücke vom Alten zum Neuen schlagen. Sie müssen Führung vorleben und vorangehen. Sie müssen führen, indem sie Führung neu verteilen.
Dabei gibt es kein „Alles-oder-nichts-Prinzip", sondern viele unterschiedliche Zugänge. Zum Beispiel John P. Kotters „duales Betriebssystem für Unternehmen", Stefan Doblhofers Idee der Patchwork-Organisation oder die Zielvorstellung eines ambidextren Unternehmens. Welche Form die richtige ist, entscheidet sich im Unternehmen selbst. Hierarchie muss nicht unmodern und Selbstorganisation muss nicht fortschrittlich sein.
Einen „One-stop-Quick-fix" gibt es nicht.

Fragen Sie sich selbst:

▶   Wie viel Patchwork gibt es in Ihrer Organisation? Wie ist es entstanden?

▶   Wie viel Patchwork können Sie sich vorstellen?

▶   Können Sie Ihr Unternehmen zur Netarchie entwickeln? Wie können Sie es nach außen für Kooperationspartner öffnen und nach innen den Mitarbeiterinnen und Mitarbeitern mehr Freiheiten lassen?

▶   Können Sie sich damit abfinden, in einer Organisation im Übergang zu arbeiten? Was heißt das für Ihre Aufgaben und Ziele?

Literatur

Hernsteiner (2016), Willkommen bei 20org20, Hernsteiner 1/2016.

Illek, Christian P. (2016), „Scheitern ist erlaubt, wegducken nicht" – „Management zur Sache", 24.02.2016, auf dem Internetportal der deutschen Telekom: https://www.telekom. com/medien/managementzursache/302934, zuletzt zugegriffen am 24.07.2016.

Kotter, John P. (2014), Accelerate: Building Strategic Agility for a Faster-Moving World, Harvard Business Review Press 2014.

Kotter, John (2016), Agilität: „Ein völlig neues Spiel", Interview mit der Haufe-Online-Redaktion, https://www.haufe.de/personal/hr-management/john-kotter-ueber-agilitaet-unternehmen-brauchen-2-betriebssystem_80_362438.html, zuletzt zugegriffen am 24.07.2016.

Uhlig, Jane (2016), Axel Springer CEO Mathias Döpfner über Agilität und Veränderung, http://www.janeuhlig.de/axel-springer-ceo-mathias-dopfner-uber-agilitat-und-veranderung/, zuletzt zugegriffen am 24.07.2016.

Die Zukunft beginnt beim Ich: Vor dem Aufbruch zu neuen Organisationsformen

Führung ohne Chefs lautet eine beliebte Faustformel für die Bemühungen um eine neue Organisationsform. Das kann man als Utopie oder als Dystopie ansehen. Mit der Realität hat sie wenig gemein. Führung wird es immer geben. Und Führungskräfte werden immer gebraucht.

Führung bleibt anders
Organisationen sind immer auf Menschen angewiesen, die vorangehen, andere mitreißen, ermutigen, stärken und lenken. Auch dann, wenn die Organisation möglichst wenig autoritäre Strukturen besitzen und möglichst viele Freiheiten für das Individuum bieten soll.

Aus unseren Gesprächen haben wir mitgenommen, dass Selbstorganisation nur durch Selbstorganisation entstehen kann. Und dass es Führungskräfte braucht, die die Aufgaben wahrnehmen, damit dieser Selbstorganisationsprozess auch wirklich geschehen kann: Prozessgerechtigkeit herstellen, Sinn stiften, Gemeinschaft stärken etc.

Führung wird nicht unwichtig. Aber Führung muss sich ändern.

Postheroisches Leadership und die stille Sehnsucht nach Übermenschen
Digital Leadership heißt ein aktuelles und beliebtes Schlagwort der Managementliteratur und der Trainingsanbieter. Viele Studien und Beiträge untersuchen, wie sich Führungskräfte verändern müssen, um mit der digitalen Revolution Schritt zu halten. Die Frage mag berechtigt sein. Aber sie birgt auch die Gefahr, Probleme zu personalisieren und die betroffenen Personen zu überfordern.

Einerseits sollen Führungskräfte im digitalen Zeitalter möglichst postheroisch[7] sein. Statt auf Alleingänge zu setzen, sollen sie eine Umgebung schaffen, in der Expertinnen und Experten selbstständig und erfolgreich tätig sein können (Sedounik 2016, S. 15-17; Baecker 2015).

---

[7] Der Begriff geht zurück auf den Soziologen Dirk Baecker, der den Unterschied zwischen einem heroischen, auf Eindeutigkeit zielenden und einem postheroischen, mit verteilten Strukturen rechnenden Führungsverständnis beschreibt.

Gleichzeitig sind sie gefordert, im härteren Wettbewerb Innovationen voranzutreiben, das Wachstum zu sichern, ambitionierte Transformationsprogramme aus-
zurollen und Akquisitionen oder Fusionen zu vollziehen. Mit diesen unterschiedlichen Aufträgen machen sie oft die leidvolle Erfahrung, dass sich eine auf Stabilität
aufbauende Organisationsform nicht unendlich flexibilisieren lässt.

Transformationale Führung, Digital Leadership und Gesund führen in der über-
lasteten Organisation sind nur einige der vielen Ansätze, die Führungskräfte unterstützen sollen, diesen Spagat zu meistern.

Unsere Erfahrungen im Leadership Development zeigen, dass sich hier durchaus
Erfolge erzielen lassen. Dennoch: Was eine Führungskraft in einer komplexen Welt
heute alles können und leisten soll, ist fast schon übermenschlich.

Führungskräfte sollen die Mitarbeiter motivieren, entwickeln und eine Arbeitsumgebung schaffen, die ihnen möglichst viel Freiheiten gewährt. Trotzdem
sollen sie die volle Verantwortung übernehmen. Verantwortung für den weichen
Wandel des Unternehmens bei gleichzeitiger Ergebnisverantwortung für harte Zah-
len. Das ist paradox.

Zu der Belastung durch gestiegene Anforderungen gesellen sich häufig die zunehmende Verunsicherung und fehlende Klarheit, fehlendes Selbstbewusstsein über
eigene Stärke und die eigene Rolle. Nicht von ungefähr: Manche Beiträge in der
gegenwärtigen Managementliteratur erwecken geradezu den Eindruck, dass Führungskräfte ihre Wirksamkeit gerade dadurch unter Beweis stellen sollen, dass sie
sich selbst abschaffen.

Wunsch nach analoger Führung in der digitalen Welt
Diese Ansprüche, Hoffnungen und Zuschreibungen an eine Führungskraft, die führen soll, indem sie nicht führt, lassen sich nur durch die soziale Digitalisierung erklären: Digitalisierung macht unsere Welt komplexer. Uns wird es unmöglich, zwischen Ursachen und Wirkungen zu unterscheiden. Umso mehr wünschen sich Menschen analoge Lösungen und versuchen, die Welt mit analogen Bildern zu beschreiben, wie der Soziologe Armin Nassehi erklärt:

> „Üblicherweise sehen wir die Welt analog. ... Analog ist eine Technik dann, wenn es
> zu Eins-zu-Eins-Korrelationen zwischen Ursachen und Wirkungen, Steuerung und
> Prozess usw. kommt. Üblicherweise leben wir also in der Welt, in der wir leben und
> die wir sehen. Und sehen heißt: Eine Ordnung wahrzunehmen, die es erlaubt, nächste
> Schritte zu kalkulieren und das Wahrgenommene als Basis fürs Unterscheiden zu
> verwenden." (Nassehi 2015, S. 179)

Führungskräfte mit klassischem Führungsverständnis stehen für dieses analoge Weltverständnis mit Eins-zu-Eins-Korrelationen: Delegation und Kontrolle, Input und Output, Anordnung und Ausführung. Nun aber setzt sich das Bewusstsein einer komplexer werdenden Welt immer mehr durch. Die neue Generation von Mitarbeitern bringt ihre eigenen Vorstellungen und Ideale in die Unternehmen. So entstehen die Wünsche und Forderungen nach mehr Mitbestimmung, Autonomie und Chefs, die möglichst empathisch, ressourcenorientiert und sinnstiftend sind.

Der ideale Chef: Tradition plus X
Wir haben gelernt (siehe ► Kap. 1), dass Veränderungen oft additiv vollzogen werden. Viele Artikel, Bücher und Workshops zeichnen das Bild einer idealen Führungskraft, der immer neue Kompetenzen, Aufgaben und Stärken hinzugefügt werden. Der ideale Chef ist die traditionelle Führungskraft plus X. So erhält auch die Vorstellung einer guten Führungskraft im digitalen Zeitalter idealtypische Züge, die von Menschen kaum verkörpert werden können.

Die Organisationsform gerät zunehmend in den Fokus
Interessanterweise wird in der Diskussion um Führung und Management lange Zeit die Organisationsform selbst auffallend wenig hinterfragt. Neue Formen der Zusammenarbeit werden diskutiert, die traditionelle Sicht auf die Organisation des Unternehmens bleibt zumeist unangetastet.

Das scheint sich nun zu ändern. Kaum ein Monat vergeht ohne Veranstaltungen, Barcamps, Workshops oder Seminaren zu New Work, New Organizing oder ähnlichen Themen. Aus gutem Grund: Wird doch die digitale Revolution allenthalben in ihrer Wucht und Bedeutung mit der industriellen Revolution verglichen. Die industrielle Revolution hat in mehreren Wellen völlig neue Organisationsformen hervorgebracht. Wäre nicht zu erwarten, dass auch die digitale Revolution die Zusammenarbeit radikal verändert?

Die zunehmende Diskussion um neue Organisationsformen bietet Führungskräften gute Ansatzpunkte, um das eigene Unternehmen zu verändern und fit für die Zukunft zu machen. Sie können Wandel anstoßen und vorantreiben, ohne sich selbst, die eigene Persönlichkeit und die eigenen Kompetenzen in den Mittelpunkt zu stellen. Sie müssen auch keine unerfüllbaren Erwartungen an sich selbst erzeugen.

Unsere Erfahrung lehrt uns, dass es vielen Führungskräften oft leichter fällt, an Organisationen, Strukturen und Rahmenbedingungen zu arbeiten, als über eigene Stärken, Schwächen, Kompetenzen und Werte zu sprechen. Ohne Letzteres geht es dennoch nicht. Aber es fällt manchen leichter, die weichen Faktoren zu thematisieren, wenn dies im Rahmen von klar definierten Schritten zur Organisationsentwicklung geschieht. Es ist kein Zufall, dass viele Führungskräfte, die Erfahrung mit der

Einführung von Selbstorganisation gesammelt haben, insbesondere die Kulturveränderungen und die Verbesserungen der Kommunikation als Vorteile hervorheben.

Ein „Weiter wie bisher" verbietet sich

Voraussetzung allen Wandels ist die Einsicht, dass sich angesichts disruptiver Umbrüche in Wirtschaft und Gesellschaft ein „Weiter wie bisher" von selbst verbietet. Es reicht nicht mehr, den Laden im Griff zu haben. Führungskräfte müssen sich das Arbeiten an der Organisation zur Hauptaufgabe machen. Das ist eine gewaltige Herausforderung.

Führungskräfte können und müssen sich entlasten

Entlastung können sich Führungskräfte nur durch eine konsequente Entrümpelung ihrer Aufgaben und Zuständigkeiten verschaffen. Manche Aufgaben und Tätigkeiten, denen sie bisher großes Augenmerk und viel Energie gewidmet haben, können anders verteilt oder in Gemeinschaft mit den Teams effizienter und schneller erledigt werden.

Dafür kommen neue Aufgaben hinzu: Purpose, Prozessgerechtigkeit sicherstellen und vieles mehr. Auch mit Blick auf die jetzige und zukünftige Organisation beginnt der erste Schritt beim eigenen Ich, beim eigenen Mindset. Wichtiger als die Frage, welche Hierarchien es in Zukunft geben wird, ist die Haltung, mit der man ihnen begegnet. Führen ist immer ein Vorangehen. Wo sonst sollte sich die Bedeutung von Führung und von Führungskräften klarer und deutlicher zeigen als in Aufbruchsituationen, in denen sich Organisationen verändern?

Ayad Al-Ani empfiehlt Führungskräften, die ihr Unternehmen auf die Zukunft ausrichten möchten, vor dem Start eine Reflexion in drei Schritten:

> „Im ersten Schritt müssen Sie ein bisschen ein Futurologe sein und sich überlegen: Was wird in den nächsten vier bis fünf Jahren passieren? Welche der Funktionen und Rollen, die ich heute in meiner Organisation vorfinde, werden von diesen Veränderungen betroffen sein? Wie kann ich Menschen und Teams vorbereiten? Wie kann ich selbst eine Veränderung herbeiführen? Wie kann ich lernen? Wie kann ich experimentieren? Und wie kann ich sicherstellen, wenn ich eine neue Organisationsform gefunden habe, dass das Alte und das Neue halbwegs miteinander harmonisieren? Das werden sie nämlich nicht. Aber wie kann ich versuchen, die Konflikte zwischen den beiden irgendwie in den Griff zu kriegen?

> Im nächsten Schritt gilt es, möglichst schnell aus dem initiierten Lernprozess Erfolgsbeispiele zu identifizieren und diese zu multiplizieren. Am besten mit einer virtuellen Plattform, die möglichst viele Menschen vernetzt.

Im dritten Schritt öffnen Sie Ihre Organisation nach außen. Nicht weil Sie sich rühmen oder Marketing betreiben wollen, sondern weil Sie darauf angewiesen sind, externe Talente anzuziehen, die zu der neuen Organisationsform passen und mit Ihnen arbeiten wollen."

Wer diese drei Reflexionsschritte gewissenhaft und ehrlich angeht, erhält sicherlich ausreichend Gedanken und Hinweise für eine Roadmap zu einer neuen Organisationsform. Mindestens ebenso wichtig ist zu diesem Zeitpunkt die Standortbestimmung des eigenen Ichs.

Dann kann die Reise beginnen. Sie wird mit Sicherheit länger, stürmischer und unbequemer als zunächst vermutet. Aber sich deshalb nicht vom Fleck zu bewegen wäre keine Alternative. Als Ausgleich für die Mühen und für den Kraftaufwand können Führungskräfte schon nach kurzer Zeit die Entlastung spüren, wenn die Teams mehr selbst entscheiden und sich selbst organisieren, sodass der Prozess seine Selbstorganisationskräfte entfaltet.

Man wächst an seinen Aufgaben. So sagt man. Wenn das stimmt, dann kann man sich ändern, wenn man seine Aufgaben ändert. Man muss es nur tun.

Zusammengefasst

Die Arbeit an der Organisation beginnt mit der eigenen Standortbestimmung
Arbeit an der Organisation wird zur Hauptführungsaufgabe.
Der erste Schritt ist eine Inventur der Führungsaufgaben. So können Führungskräfte sich entlasten, Prioritäten setzen und Führungsaufgaben neu verteilen.
Wenn Führung erfolgreich sein will, muss Führung sich verändern. Dabei geht es nicht um Defizitbehandlung oder additive Korrekturen. Führungskräfte müssen vorangehen und sich wandeln, um die Organisation zu bewegen.

Fragen Sie sich selbst:
▶ Haben Sie ein Bild im Kopf, wie Ihr Führungsalltag in fünf Jahren aussehen soll?
▶ Welche Erwartungen an sich selbst haben Sie? Welche Erwartungen an Sie haben Ihre Mitarbeiter?
▶ Welchen Führungsaufgaben widmen Sie ein Großteil Ihrer Zeit? Welche machen Ihnen Spaß? Welche können Sie verteilen?
▶ Was hindert Sie, anzufangen?

Literatur

Baecker, Dirk (2015), Postheroische Führung. Vom Rechnen mit Komplexität, Springer essentials, Wiesbaden 2015.

Nassehi, Armin (2015), Die letzte Stunde der Wahrheit. Warum rechts und links keine Alternativen mehr sind und unsere Gesellschaft ganz anders beschrieben werden muss, Murmann-Verlag, Hamburg 2015.

Sedounik, Waltraud (2016), Superman hat ausgedient. Post-heroic Leadership: Ein Plädoyer für ein Führungsmodell ohne Heldenfiguren, in: Hernsteiner 1/2016.

Fünf Thesen zur Zukunft der Führungskräfteentwicklung

Bisher haben wir uns in diesem Buch viel mit Organisation, Führung und Personalentwicklung beschäftigt. Wir haben festgestellt, dass sich die Aufgaben ändern und Prioritäten verschieben. Als Führungskräfte und Coachs fragen wir uns natürlich, wie sich diese Veränderungen auf die eigene Zunft auswirken. Deshalb fügen wir den Ausführungen fünf Thesen zur Führungskräfteentwicklung an[8].

1. Es geht um Führung – nicht um Führungskräfte. „Banking is necessary, banks are not", hat Bill Gates der Finanzwirtschaft bereits vor 25 Jahren ins Stammbuch geschrieben. Mit Blick auf die Umverteilung von Macht und Autorität in Unternehmen lässt sich sagen: Führung bleibt bestehen, und doch sind es die Führungskräfte, die sich ändern müssen. Unternehmen, die mit neuen Organisationsformen arbeiten, verzichten nicht auf das Phänomen Führung. Sie verteilen es nur auf mehrere Schultern.

2. Der Bedarf an Führungskräfteentwicklung wird nicht sinken, sondern steigen. Die traditionellen Führungskräfte, die Macht und Autorität qua Amt, Status und Position beanspruchen, werden der Vergangenheit angehören. Stattdessen wird Führung auf mehrere Rollen verteilt werden. Jeder braucht dann Führungskompetenzen – um sich selbst und sein Projekt zu führen. Führen bleibt immer Thema. Folgen wird mehr denn je zum Thema. Das kann und muss man lernen. Training und fachliche Begleitung werden wichtiger denn je.

3. Führungstraining ist kein Karrieretool mehr. In der alten Welt gilt: Bestimmte Trainings und Coachings bleiben den Top-Führungskräften vorbehalten. Im Gegenzug ist die Teilnahme an einem Nachwuchsführungsprogramm ein wichtiger Schritt auf der Karriereleiter. Das ändert sich. Trainingsprogramme für geschlossene Zielgruppen werden seltener, Karrierewege werden unvorhersehbar. Führungstrainings werden sich mehr an der Organisation als an persönlichen Entwicklungswegen ausrichten müssen.

4. Trainer und Coachs verlieren an Status und Nimbus – und gewinnen an Präsenz und Nachfrage. Unternehmen werden darauf achten, Trainings und Coachings mehr an Funktionen zu orientieren als an Personen. Die Gleichung, nach der

---

[8] Diese Thesen haben wir bereits in der Zeitschrift ManagerSeminare veröffentlicht: ManagerSeminare 01/2016, S. 22

mehr Berufs- oder Branchenerfahrung automatisch zu mehr Führungsverantwortung führt, gilt nicht mehr. Dementsprechend werden zukünftig Trainings-
gruppen gemischter und hierarchiefreier. Der erfahrene Seniortrainer, der nur
mit Top-Führungskräften arbeiten möchte, wird sich aus den Unternehmen zurückziehen. Immer mehr gefragt werden Trainer sein, die sich als Lernbegleiter
und Facilitatoren verstehen.

5. In und für selbststeuernde Organisationsformen kann nur trainieren und beraten,
    wer diese Managementphilosophie selbst lebt. Unternehmen, die einen innova-
    tiven Trainingspartner suchen, werden sich an Institute wenden, die das, was sie
    postulieren, auch selber praktizieren.

Kleines Glossar der neuen Organisationsformen

Holacracy, Kollaboration, Teilhabe … Viele Bewegungen und Strömungen, die sich mit der Neuausrichtung von Unternehmen und der Gestaltung der neuen Arbeitswelt beschäftigen, bringen ihr eigenes Vokabular mit. So entstehen viele neue Begriffe, die manchmal deckungsgleich sind und manchmal sogar genau das Gegenteilige ausdrücken. Diese kurze Zusammenstellung der wichtigsten Begriffe erleichtert Ihnen den Überblick.

Agil/Agilität Der Duden beschreibt das Adjektiv agil (englisch agile) mit „von großer Beweglichkeit zeugend; regsam und wendig". Agilität als die Kombination von Schnelligkeit und Flexibilität wird oft als wichtigstes Merkmal für Team- und Unternehmenserfolg genannt.

Ambidextrous Organisation Der Begriff geht zurück auf Charles A. O'Reilly III and Michael L. Tushman. Er beschreibt Unternehmen, die die Potenziale der Gegenwart voll ausschöpfen, während sie zugleich bereits die Möglichkeiten der Zukunft erkunden und vorbereiten (englisch ambidextrous = beidhändig).

Augenhöhe Das Projekt „Augenhöhe – Film und Dialog" portraitiert Unternehmen und Führungskräfte, die Selbstbestimmung, Demokratisierung und Potenzialentfaltung in ihren Organisationen wagen und umsetzen. Das Projekt wird durch Crowdfunding finanziert. Der Begriff hat sich zum beliebten Schlagwort für die Beschreibung von Elementen und Phänomenen der Selbstorganisation und Demokratisierung von Unternehmen etabliert.
Mehr Infos zur Initiative: http://www.augenhoehe-film.de

Arbeitsorientierte Einzelwirtschaftslehre (AOEWL) Die Arbeitsorientierte Einzelwirtschaftslehre (AOEWL) wurde Mitte der siebziger Jahre als Gegenentwurf zur Betriebswirtschaftslehre entwickelt und stellte die Durchsetzung von Interessen der abhängig Beschäftigten in den Mittelpunkt.

Co-Creation Co-Creation bedeutet, dass Unternehmen und Kunden bzw. Firmen und ihre Mitarbeiter zusammenarbeiten und ein gemeinsames Produkt, Service oder Erlebnis entwickeln. Es geht auf den Unternehmensberater C. K. Prahalad zurück, der im Kreativprozess mit mehreren Personen eine neue Form der Wertschöpfung in Unternehmen sieht.

Demokratisches Unternehmen Ein demokratisches Unternehmen gewährt den Mitgliedern seiner Organisation mehr oder weniger Einfluss auf die Organisationsweise, die Arbeit, die strategische Ausrichtung und Mittelverwendung.

Design Thinking Design Thinking wurde als Innovationsmethode für Produkte und Services an der Stanford University entwickelt. Mittlerweile wird die Methode weltweit für große und kleine Innovations-, Entwicklungs- und Change-Projekte eingesetzt.

Digitalisierung   Rein technisch gesehen versteht man unter Digitalisierung den Trend, immer mehr Informationen digital zu speichern und immer mehr Prozesse und Lebensbereiche durch digitale Datenverarbeitung zu bestimmen. Darüber hinaus beschreibt Digitalisierung in einem umfassenderen Sinne auch den Transferprozess, der durch die technologische Entwicklung vorangetrieben wird: Veränderung von Leben und Arbeit, Wirtschaft und Gesellschaft.

Disruptive Technologien   Eine disruptive Technologie (englisch disrupt = unterbrechen) ist eine Innovation, die eine bestehende Technologie, ein bestehendes Produkt oder eine bestehende Dienstleistung möglicherweise vollständig verdrängt. Disruptive Innovationen sind meist am unteren Ende des Marktes und in neuen Märkten zu finden. Der Begriff geht zurück auf Harvard Business School-Professor Clayton Christensen, der diesen Begriff im 1997 erschienenen Buch „The Innovator's Dilemma" einführte.

Heterarchie   Der Begriff ist vom Kybernetiker Warren McCulloch als Ergänzung oder Alternative zur klassischen Hierarchie entworfen worden. In der Heterarchie stehen die Elemente eines Systems nicht in Über- und Unterordnung, sondern gleichwertig nebeneinander, sodass Spielräume und Möglichkeiten für Bottom-up-Entscheidungen entstehen.

Holacracy   Holacracy ist ein Konzept des US-Unternehmers Brian Robertson, das es Unternehmen erleichtern soll, Aufgaben, Befugnisse und Entscheidungsprozesse selbstorganisierend zu verteilen. Macht wird auf Kreise verteilt, die aus Rollen zusammengesetzt sind. Rollen und Personen werden klar getrennt, zum Beispiel kann eine Person mehrere Rollen ausüben. Verbindliche Kooperationsregeln und klar strukturierte Meetings sollen die Abstimmung sicherstellen. Der Begriff Holacracy/Holokratie (holon = Kreis) geht auf Arthur Koestlers Theorien über Offene Hierarchische Systeme und Holone zurück („Der Geist in der Maschine", 1968).

Industrie 4.0   Industrie 4.0 steht heute für die Digitalisierung der Industrie, die von Experten als vierte industrielle Revolution beschrieben wird: Getrieben durch das Internet wachsen reale und virtuelle Welt zu einem Internet der Dinge zusammen. Daraus folgt die Individualisierung der Produkte unter den Bedingungen einer hoch flexibilisierten (Großserien-) Produktion. Kunden und Geschäftspartner sind direkt in Geschäfts- und Wertschöpfungsprozesse eingebunden.

Kanban   Kanban ist eine agile Methode für evolutionäres Change-Management. Der bestehende Prozess wird in viele kleine Schritte aufgeteilt und visualisiert (das japanische Wort Kanban bedeutet deutsch: Karte oder Beleg). Die wachsende Anzahl von Kanban-Teams auf der ganzen Welt deutet darauf hin, dass sich durch Kanban nicht nur der bestehende Prozess immer weiter verbessert, sondern dass sich auch eine Firmenkultur entwickelt, die durch Vertrauen und gegenseitigen Respekt gekennzeichnet ist. Besonders populär wurde Kanban für die IT-Industrie 2004 durch ein Buch des Microsoft-Managers David J. Anderson. Das ursprüngliche Kanban-System ist wesentlich älter. Es wurde bereits 1947 von Taiichi Ohno in der japanischen Toyota Motor Corporation entwickelt.

Kollaboration   Kollaboration bezeichnet im ursprünglichen Wortsinn Zusammenarbeit (vgl. englisch collaboration). Das Wort wird im Sprachgebrauch abwertend benutzt, zum Beispiel zur Beschreibung der Unterstützung der Nationalsozialisten im Dritten Reich. Der Publizist Mark Terkessidis definiert Kollaboration in Abgrenzung zur Kooperation: „Kollaboration ist etwas ungleich Schwierigeres als Kooperation. Bei Kooperation treffen verschiedene Akteure aufeinander, die zusammenarbeiten und die sich nach der gemeinsamen Tätigkeit wieder in intakte Einheiten auflösen. Kollaboration meint dagegen eine Zusammenarbeit, bei der die Akteure einsehen, dass sie selbst im Prozess verändert werden, und diesen Wandel sogar begrüßen."(vgl. Eintrag zu Holacracy)

Konsensdemokratie   Auch: Konsentdemokratie. Eine Form der Demokratie, in der anstelle der Machtausübung durch die Mehrheit der Dialog und Konsens zwischen allen angestrebt wird.

Netarchie   Mit dem Begriff Netarchie beschreibt der Organisationsforscher Ayad Al-Ani die Kombination aus Hierarchie, Kooperation und Vernetzung.

New Work   New Work, das Konzept der „Neuen Arbeit", geht zurück auf den austroamerikanischen Sozialphilosophen Frithjof Bergmann. Bergmann hat in seinem Buch „Neue Arbeit, Neue Kultur" die zentralen Werte der Neuen Arbeit definiert: Selbstständigkeit, Freiheit und Teilhabe an Gemeinschaft.

Partizipation   Der Begriff Partizipation (lateinisches Substantiv participatio aus Substantiv pars: Teil und Verb capere: fangen, ergreifen) wird heute allgemein für Mitwirkung, Teilhabe, Einbeziehung, Teilnahme verwendet.

Patchwork-Organisation   Mit der Idee der Patchwork-Organisation beschreibt Stefan Doblhofer, wie sich verschiedene Organisationsansätze zeitgleich in einem Unternehmen wiederfinden können.

P2P, Peer-to-Peer Connection   (englisch Peer = Gleichgestellter, Ebenbürtiger). Der Begriff stammt aus der Informationstechnologie und beschreibt ursprünglich die Verbindung von zwei gleichberechtigten Rechnern. Mittlerweile steht der Begriff allgemein für eine Kommunikation unter Gleichen.

Purpose   (englisch Purpose = Grund, Ziel, Einsatzzweck). In seinem Bestseller „Drive. The Surprising Truth About What Motivates Us" nennt Daniel Pink drei Elemente, die uns (nicht nur) bei der Arbeit motivieren:
1. *Autonomy* – the desire to direct our own lives. 2. *Mastery* – the urge to get better and better at something that matters. 3. *Purpose* – the yearning to do what we do in the service of something larger than ourselves.
Anhänger selbstorganisierender Systeme wie zum Beispiel Holacracy-Erfinder Brian Robertson empfehlen jeder Organisation die genaue Definition des Purpose, um daraus Rollen, Regeln und Projekte ableiten zu können.

Scrum   Scrum ist ein Projektmanagementansatz aus der Softwareentwicklung. Mit selbstorganisierenden Teams und schlanker Projektdokumentation sollen die Produktentwicklung und das Erreichen der Projektziele schneller und flexibler erreicht werden. Der Begriff Scrum stammt ursprünglich aus dem Rugby-Sport.

Selbstorganisation   Begriff aus der Systemtheorie: Die Elemente eines Systems, zum Beispiel die Mitarbeiter eines Unternehmens, gestalten ihr System selbst, indem sie Formen geben, Regeln definieren und selbst einsetzen.

Share Economy (Shareconomy)   Auch: Wikinomics oder Collaborative Economies bezeichnet Wirtschaftskonzepte, die auf einer Kultur des Teilens fußen.

Soziokratie   Die Soziokratie ist ein Organisationsmodell, bei dem die Mitarbeiter ein hohes Maß an Mitbestimmung haben. Eine Entscheidung kann in der Soziokratie nur getroffen werden, wenn niemand der Anwesenden einen schwerwiegenden und begründeten Einwand dagegen hat. Entwickelt wurden die Ideen der Soziokratie Mitte des 20. Jahrhunderts vom Reformpädagogen Kees Boeke. In den 1970er Jahren hat der niederländische Unternehmer Gerard Endenburg den Soziokratie-Ansatz in der Unternehmenspraxis angewendet. Laut Endenburg gibt es vier Grundprinzipien in der Soziokratie: Der Konsent regiert die Beschlussfassung (Konsentprinzip). Die Organisation wird in Kreisen aufgebaut, die innerhalb ihrer Grenzen autonom ihre Grundsatzentscheidungen treffen.

Teilhabe   Der Begriff stammt aus der Sozialgesetzgebung. So spricht zum Beispiel das deutsche Sozialgesetzbuch von Leistungen zur Rehabilitation und Teilhabe behinderter Menschen. Der Begriff wird zusehends verwendet, um die Beteiligung an Entscheidungs- und Verteilungsprozessen im Allgemeinen zu beschreiben.

VUCA   Das Akronym VUCA steht für die Begriffe Volatility (Unbeständigkeit), Uncertainty (Unsicherheit), Complexity (Komplexität) und Ambiguity (Unklarheit). Der Begriff stammt aus dem Militärwesen und wird mittlerweile oft genutzt, gesellschaftliche Phänomene zu beschreiben.

Über die Autorinnen und den Autor

Eva-Maria Ayberk

Eva-Maria Ayberk leitet seit 2013 das Hernstein Institut für Management und Leadership. Sie verfügt als Beraterin über fundierte Erfahrung im strategischen Personalmanagement und im Management Development und ist Certified Holacracy Practitioner sowie Design-Thinking-Expertin. Unter anderem verantwortete sie die strategische Führungskräfteentwicklung eines Energiekonzerns und leitete den Corporate-Development-Bereich einer internationalen Business School. Derzeit beschäftigt sie sich mit agilen Steuerungsformen für Organisationen, Leading Innovation, Digital Leadership sowie mit Co-Creation im Management. Zu ihren Kunden zählen Konzerne und mittelständische Unternehmen, die auf zukunftsorientierte Führung setzen.

Dr. Lisa Kratzer

Dr. Lisa Kratzer beschäftigt sich seit vielen Jahren mit Führung und Entwicklung. Sie ist seit zwei Jahrzehnten in wechselnden leitenden Funktionen im Bildungsmanagement tätig. Bei Hernstein seit 2003, aktuell als Leiterin von Marketing & Innovation. Sie ist Design-Thinking-Expertin und beschäftigt sich seit Jahren mit zukunftsfähigen Organisationsformen und deren Führung.

Dr. Lars-Peter Linke

Dr. Lars-Peter Linke besitzt über zwanzig Jahre Erfahrung in der Erwachsenenbildung und in der Personalentwicklung. Sein Handwerk gelernt hat der promovierte Germanist als Journalist, später folgte der Seitenwechsel zur Unternehmenskommunikation und in die Geschäftsführung von renommierten Bildungsunternehmen. Seit 2014 ist Lars-Peter Linke Netzwerkpartner des Hernstein Instituts. Seine Agentur Corporate Learning Communication bietet Kommunikationsberatung für Bildungsanbieter.

Index

Printed by Books on Demand, Germany